Teubner Studienbücher Chemie

C. Ghiron / R. J. Thomas
Übungen zur organischen Synthese

Teubner Studienbücher Chemie

Herausgegeben von
Prof. Dr. rer. nat. Christoph Elschenbroich, Marburg
Prof. Dr. rer. nat. Friedrich Hensel, Marburg
Prof. Dr. phil. Henning Hopf, Braunschweig

Die Studienbücher der Reihe Chemie sollen in Form einzel-
ner Bausteine grundlegende und weiterführende Themen
aus allen Gebieten der Chemie umfassen. Sie streben nicht
die Breite eines Lehrbuchs oder einer umfangreichen Mo-
nographie an, sondern sollen den Studenten der Chemie –
aber auch den bereits im Berufsleben stehenden Chemiker
– kompetent in aktuelle und sich in rascher Entwicklung be-
findende Gebiete der Chemie einführen. Die Bücher sind
zum Gebrauch neben der Vorlesung, aber auch – da sie
häufig auf Vorlesungsmanuskripten beruhen – anstelle von
Vorlesungen geeignet. Es wird angestrebt, im Laufe der Zeit
alle Bereiche der Chemie in derartigen Lehrbüchern vorzu-
stellen. Die Reihe richtet sich auch an Studenten anderer
Naturwissenschaften, die an einer exemplarischen Darstel-
lung der Chemie interessiert sind.

Übungen zur organischen Synthese

Von Chiara Ghiron, Ph. D., Abingdon, UK
und Russell J. Thomas, Ph. D., Abingdon, UK

Aus dem Englischen übersetzt von
Dr. Thomas Laue, Braunschweig

 B. G. Teubner Stuttgart · Leipzig 1999

Chiara Ghiron, Ph. D.
Geboren 1965 in Genua/Italien. Studium der Chemie an der Universität von Genua von 1985 bis 1990. Ab 1990 Angestellte der Glaxo Wellcome in Verona in der Abteilung für medizinische Chemie. Seit 1998 bei Oxford Diversity in Abingdon, Oxfordshire.

Russell J. Thomas, Ph. D.
Geboren 1966 in Swansea/Wales. Studium der Chemie an der Universität von Kent in Canterbury von 1984 bis 1987. Nach seinem Ph. D. bei Professor Stan Roberts an der Universität von Exeter Wechsel zu Glaxo Wellcome in Verona/Italien in die Abteilung für medizinische Chemie. Seit 1998 bei Oxford Diversity in Abingdon, Oxfordshire.

Die Deutsche Bibliothek – CIP-Einheitsaufnahme

Ghiron, Chiara:
Übungen zur organischen Synthese / von Chiara Ghiron und Russell J. Thomas. Aus dem Engl. übers. von Thomas Laue. – Stuttgart ; Leipzig : Teubner, 1999
   (Teubner-Studienbücher : Chemie)
   Einheitssacht.: Exercises in synthetic organic chemistry <dt.>
   ISBN-13: 978-3-519-03545-9   e-ISBN-13: 978-3-322-80121-0
   DOI: 10.1007/ 978-3-322-80121-0

© Chiara Ghiron and Russell J. Thomas, 1997
Titel der Originalausgabe: Exercises in Synthetic Organic Chemistry
This translation of Exercises in Synthetic Organic Chemistry originally published in English in 1997 is published by arrangement with Oxford University Press.
© 1999 der deutschen Übersetzung B. G. Teubner Stuttgart · Leipzig

Geleitwort

Zu bestimmten Zeiten und bei gewissen Anlässen wird die Synthese-chemie mit bohrenden Fragen danach konfrontiert, welchen die Gesamt-disziplin fördernden innovativen Beitrag sie denn in unseren Zeiten leistet. Man habe doch inzwischen so viele die Moleküle aufbauende Transformationen verfügbar, etliche davon seien redundant, und viele habe man inzwischen zu bemerkenswerter Chemoselektivität, Diastereo-selektivität und Enantioselektivität getrimmt.

Alles liegt gut dokumentiert und wohlgeordnet abrufbereit in den Regalen von Expertendatenbanken, so daß heute jede noch so teuflische Ver-schlingung von Ringen mit einem noch so erschreckenden Ensemble funktioneller Gruppen dem Ansturm der Synthesekohorten nicht lange standhalte. Also was jetzt noch?

Einige der vielen Antworten auf diese ketzerische Frage liefert dieses Buch. Tatsächlich wechselt nämlich die Synthesechemie derzeit in eine neue Dimension und gibt sich dabei auch eine neue Richtung. Die Frage ist nicht mehr so sehr "was wird denn da synthetisiert?" - wie kompliziert auch immer - sondern die Frage lautet "wie wird denn da synthetisiert?".

Ein Zielmolekül rechtschaffen und brav über die Ochsentour mühsam, Schritt für Schritt heranzukarren, wird in der Tat wenig Aufmerksamkeit und Bewunderung auslösen. Sehr wichtig und unverzichtbar ist heute die intellektuelle und konzeptionelle Komponente.

Welche wohlfeilen, gut verfügbaren und eventuell auch enantiomeren-reinen Startmaterialien können in wenigen hochselektiven Transfor-mationen mit möglichst hoher konstitutioneller und konfigurativer Flexi-bilität unter Vermeidung von Abfallsubstanzen etabliert und dann in den abschließenden Konvergenzschritten und (oder) unter intramolekulari-sierter Setzung des Schlußsteins ins Ziel getrieben werden?

Vermeidung toxischer oder toxische Substanzen generierender Reagen-zien sowie von Schutzgruppen und Syntheseumwegen wäre dabei natür-lich Ehrensache.

Es zählt also das Konzept und der intellektuelle Wurf. Versierte Synthetiker sehen einer Synthese auf den ersten Blick diese intellektuelle Leistung an, und dieses Buch liefert eine schöne Sammlung unterschiedlichster Beispiele.

Da ich davon überzeugt bin, daß große Leistungen nicht nur von Naturtalenten vollbracht werden, sondern daß man bei hinreichender Begeisterung alles lernen kann, ermuntere ich Jung und Alt: lest nur lange genug in diesem Buch, versteht und beherrscht die Einzelschritte und verinnerlicht die interessanten Konzepte, dann werdet Ihr eines Tages ein kompliziertes Syntheseziel vor Euch sehen, und wie von Geisterhand geführt wird Euer Bleistift auf die idealen Verknüpfungsstellen für leicht erreichbare Substrukturen deuten, und schon beim Hinschreiben dieser werdet Ihr die Einzelschritte sehen, mit denen sie elegant zu präparieren sind.

Dieses Konzept kommt nicht aus der Datenbank, es ist Euer eigener, individueller, intellektueller Beitrag, unverwechselbar. Ist das nicht schön?

Hannover, Mai 1999   E. Winterfeldt

Vorwort

Der Zugriff auf Datenbanken mit ihrer Fähigkeit, innerhalb von Sekunden Hunderte von Methoden zur Durchführung einer chemischen Reaktion zu liefern, hat die Arbeit der Chemiker revolutioniert. Diese Möglichkeiten führen dazu, daß sich der Zeitaufwand für die Planung einer Synthesestrategie enorm reduzieren läßt.

Unscheinbar, aber nicht weniger tiefgreifend an dieser völlig neuen Arbeitsweise, ist die Art und Weise, wie Chemiker das "Vokabular" ihres Berufes handhaben, also das Wissen über chemische Reaktionen. Man könnte meinen, daß es nun weniger wichtig würde, sich zahlreiche chemische Methoden zu merken, aber dieses führt zu einem Problem. Datenbanken sind nur so gut wie die Fragen, die man an sie richtet. Aber ohne ein fundiertes Wissen über das chemisch Machbare, können wir keine Abfrage so konstruieren, daß wir die benötigten exakten Reaktionsbedingungen erhalten.

Zweifelsfrei ist das Retrosynthesekonzept ein wirkungsvolles Werkzeug zum Entwerfen einer Synthese. Indem man auf die Zielstruktur sieht und über Kenntnisse verfügt, wie die funktionellen Gruppen und einige der Kohlenstoff-Kohlenstoffbindungen eingeführt werden können, ist man mit dem Retrosynthesekonzept in der Lage, das Zielmolekül zu zerlegen und auf mögliche Edukte zurückzuführen. Um dieses Konzept anwenden zu können, muß der Chemiker aber wiederum über ein hinreichend großes Vokabular von chemischen Reaktionen verfügen.

Die Analyse publizierter Synthesen bietet eine der besten Möglichkeiten, um die Kenntnisse über chemische Reaktionen zu erweitern. Indem man einem Molekül durch die verschiedenen Reaktionen bis zum Endprodukt hin folgt, kann die Anwendung möglicher Syntheseschritte im Rahmen realer Problemstellungen betrachtet werden. Noch effektiver ist es, eine publizierte Synthese in Form einer Syntheseaufgabe zu studieren. Dieses hat den Vorteil, daß man ermutigt wird, eine Weile über Mechanismus, Reaktionsbedingungen und Stereochemie zu reflektieren, ohne die Antwort sofort nachschlagen zu können.

Gegenüber dem Studium eines publizierten Synthesewegs bietet dieses Buch den zusätzlichen Vorteil, daß die "Qual der Wahl" des Übungsthemas abgenommen wird. Der natürliche Tendenz der Menschen, solche Gebiete zu bevorzugen, zu denen bereits Vorkenntnisse vorhanden sind, wird so im Sinne einer größeren Lerneffektivität entgegengewirkt. Für dieses Buch wurden deshalb bewußt Beispielaufgaben aus verschiedenen Bereichen gewählt.

Hauptanliegen dieses Buches ist es, Chemikern eine Zusammenstellung von Aufgaben, basierend auf der aktuellen Literatur, zur Verfügung zu stellen. Die Aufgaben sind so angelegt, daß sie für Studierende mit sehr unterschiedlichem Ausbildungsstand - vom Studenten vor dem Vordiplom bis zum erfahreneren Postdoktoranten - eine reizvolle Herausforderung darstellen.

Wir hoffen, daß sich dieses Buch sowohl im universitären als auch im industriellen Umfeld als besonders nützlich erweist und die Grundlage für produktive Gruppendiskussionen über Syntheseprobleme liefert. Über Kommentare und Vorschläge von Lesern werden wir uns immer freuen, denn mit dieser Hilfe hoffen wir, das Konzept für weitere Bände verbessern zu können.

Die Autoren danken Phil Cox, Sylvie Gehanne, Fabrizio Micheli und Maria Elvira Tranquillini für das Korrekturlesen der Aufgaben. Dank gilt weiterhin Daniele Donati, Tino Rossi und Melissa Levitt für Ermutigung und hilfreiche Vorschläge sowie den Mitarbeitern von Oxford University Press und Glaxo Wellcome für ihre Unterstützung des Projektes.

Inhaltsverzeichnis:

Abkürzungen:

Ac	Acetyl
AD	asymmetrische Dihydroxylierung
AE	asymmetrische Epoxidierung
AIBN	α,α'-Azo*iso*butyronitril
Aldrithiol®	2,2'-Dipyridyldisulfid
All	Allyl
Alloc	Allyloxycarbonyl
9-BBN	9-Borabicyclo[3.3.1]nonan
BMS	Boran-Dimethylsulfid-Komplex
BINAP	2,2'-Bis(diphenylphosphino)-1,1'-binaphthyl
Boc	*tert.*-Butyloxycarbonyl
BOM	Benzyloxymethyl
Bn	Benzyl
BTAF	Benzyltrimethylammoniumfluorid
Bz	Benzoyl
BHT	*tert.*-Butylhydroxytoluol
CAN	Cerammoniumnitrat
CBS	Corey-Bashki-Shibat
Cbz	Benzyloxycarbonyl
Cp	Cyclopentadienyl
mCPBA	*meta*-Chlorperbenzoesäure
CSA	Camphersulfonsäure
DAST	Diethylamino-schwefeltrifluorid
dba	Dibenzylidenaceton
DBU	1,8-Diazabicyclo[5.4.0.]-7-undecen
DCC	1,3-Dicyclohexylcarbodiimid
DDQ	2,3-Dichlor-5,6-dicyano-1,4-benzochinon
DEAD	Diethylazodicarboxylat
DHP	Dihydropyran
DHQD	Dihydrochinidin
DIBAL	Diisobutylaluminiumhydrid
DIBAL-H	Diisobutylaluminiumhydrid
DIC	Diisopropylcarbodiimid
DMAP	4-Dimethylaminopyridin

DME	Dimethoxyethan
DMF	N,N-Dimethylformamid
DMP	Dess-Martin-Reagenz
DMPM	3,4-Dimethoxybenzyl
DMS	Dimethylsulfid
DMSO	Dimethylsulfoxid
DPPA	Diphenylphosphorylazid
FDPP	Diphenyl-pentafluorphenylphosphin
Fmoc	9-Fluorenylmethoxycarbonyl
HMPA	Hexamethylphosphoramid
HMPT	Hexamethylphosphorsäuretriamid
Ipc	Isopinocampheyl
KDA	Kaliumdiisopropylamid
KHMDS	Kalium-bis(trimethylsilyl)-amid (KN(TMS)$_2$)
K-Selectride	Kalium-tri-*sec.*-butylborhydrid
LDA	Lithiumdiisopropylamid
LDEA	Lithiumdiethylamid
LiHMDS	Lithium-bis(trimethylsilyl)-amid (LiN(TMS)$_2$)
MEM	2-Methoxyethoxymethyl
MOM	Methoxymethyl
MPM	*p*-Methoxybenzyl
MS	Molekularsieb
Ms	Methansulfonyl
MW	Mikrowelle
NaHMDS	Natrium-bis(trimethylsilyl)-amid (NaN(TMS)$_2$)
NBS	*N*-Bromsuccinimid
NMM	*N*-Methylmorpholin
NMO	*N*-Methylmorpholin-*N*-oxid
N-PSP	N-(Phenylseleno)-phthalimid
Ns	*p*-Nitrophenylsulfonyl
PDC	Pyridinium-dichromat
PCC	Pyridiniumchlorochromat
Ph	Phenyl
Piv	Pivaloyl

PMB	*p*-Methoxybenzyl
PMP	*p*-Methoxyphenyl
PPA	Polyphosphorsäure
PPTS	Pyridiniumtoluol-4-sulfonat
PTSA	*p*-Toluolphosphonsäure
Pv	Pivaloyl
Py	Pyridin
SEM	2-(Trimethylsilyl)-ethoxymethyl
SEMCl	2-(Trimethylsilyl)-ethoxymethylchlorid
Red-Ai®	Natrium-bis(2-methoxyethoxy)-aluminiumhydrid
TBAF	Tetrabutylammoniumfluorid
TBDMS	*tert.*-Butyldimethylsilyl
TBDPS	*tert.*-Butyldiphenylsilyl
TBS	*tert.*-Butyldimethylsilyl
TCDI	*N,N'*-Thiocarbonyldiimidazol
Tf	Trifluormethansulfonyl
TFA	Trifluoressigsäure
TFAA	Trifluoressigsäureanhydrid
THP	Tetrahydropyranyl
TIPS	Triisopropylsilyl
TMG	Tetramethylguanidin
TMS	Trimethylsilyl
TMSCl	Trimethylsilylchlorid
TMSOTf	Trimethylsilyltrifluormethansulfonat
Tol	*p*-Tolyl
TPAP	Tetra-*n*-propylammoniumperruthenat
Tr	Trityl
Troc	2,2,2-Trichlorethoxycarbonyl
Ts	*p*-Toluolsulfonyl
p-TsOH	*p*-Toluolsulfonsäure
Vitride®	Natrium-bis(2-methoxyethoxy)-aluminiumhydrid
Z	Benzyloxycarbonyl

Einleitung

Die Absicht dieses Buches

Die Aufgaben in diesem Buch sind so angelegt, daß sie Herausforderungen für Leute mit unterschiedlichem Erfahrungsschatz darstellen. Obwohl man davon ausgehen kann, daß Studenten vor dem Vordiplom die Aufgaben mit Hilfe eines Lehrbuchs lösen, werden sie trotzdem Probleme mit den Aufgaben für Fortgeschrittene haben. Die komplizierteren Aspekte einer Aufgabe richten sich an erfahrenere Chemiker, die diese analysieren und im Detail diskutieren können. Ein Student wird hoffentlich beim Studium der Aufgaben feststellen, daß, nachdem er anfangs Schwierigkeiten hatte, nur die Hälfte der Fragen ohne Hilfe zu beantworten, sich mit der Zeit sowohl sein "Vokabular" an Reaktionen als auch die Bearbeitungszeit für eine Aufgabe dramatisch ändern werden.

Wie die Aufgaben aufgebaut sind

Die Probleme sind aktuellen Publikationen zum einen zu Totalsynthesen von Naturstoffen und zum anderen der Synthese davon abgeleiteter Systeme entnommen. Die Antworten zu den verschiedenen Fragen werden in diesem Buch nicht geliefert, können aber einfach aus den Originalartikeln erhalten werden. Dieses wurde nicht nur getan, um den Umfang des Textes zu reduzieren, sondern auch, um Studium und Diskussion eines Problems in einer Situation zu erlauben, in der man die Antwort nicht kennt. Eine Reaktion zu sehen, bei der ein Olefin mit Osmium-IV-oxid in ein 1,2-Diol überführt wird, ist ein sinnvoller Weg, Chemie zu lernen, aber nicht annähernd so effektiv, als wenn man die Zeit hat, über Reagenz oder Produkt nachzudenken, bevor man die Lösung sieht.

Direkt unter der Titelzeile wird die Literaturstelle angegeben, der die Aufgabe entnommen ist. In den Reaktionsschemata fehlen einige der Strukturen oder Reaktionsbedingungen (durch Fettdruck gekennzeichnet). Am Ende eines jeden Schemas sind einige zusätzliche Diskussionspunkte angefügt, in denen Fragen bezüglich des Mechanismus, der Wahl der Reagenzien, der Stereochemie, der Stereoselektivität etc. aufgelistet sind. Im Anschluß an die Diskussion sind gewöhnlich einige zusätzliche Übersichtsartikel und Veröffentlichungen zum weiteren Studium angegeben, die wichtige, in den Aufgaben behandelte Themen aufgreifen.

2

1. Totalsynthese von (–)-Ovatolid

A. Delgado und J. Clardy, *J. Org. Chem.* **1993**, *58*, 2862.

Übernommen und angepaßt mit Genehmigung von *J Org Chem* **1993**, *58*, 2862 ©1993
American Chemical Society

Diskussion

- Welches andere Isomer wird bei der Nitrierung in Schritt **a** noch gebildet?
- Beschreiben Sie die Regioselektivität der Mono-Debenzylierungsreaktion in Schritt **b**.
- Schlagen Sie eine Struktur für Verbindung **6** vor, und begründen Sie, warum die Reaktion unter reduktiven Bedingungen durchgeführt wird.
- Formulieren Sie den Mechanismus für die Hydrolyse von Verbindung **8**.
- Warum wird in Schritt **l** Ethylendiamin eingesetzt?

Weiterführende Literatur

- Als Übersichtsartikel zur Diastereoselektivität der Nitroaldol-Reaktion siehe: D. Seebach, A. K. Beck, T. Mukhopadhyay und E. Thomas, *Helv Chim Acta* **1982**, *65*, 1101.
- Zu einer Modifikation der Nitroaldol-Reaktion unter Verwendung von Aluminiumoxid siehe: G. Rosini, E. Marotta, P. Righi und J. P. Seerden, *J Org. Chem* **1991**, *56*, 6258.

2. Totalsynthese von RS-15385

J. C. Rohloff, N. H. Dyson, J. O. Gardner, T. V. Alfredson, M. L. Sparacino und
J. Robinson III, *J. Org Chem.* **1993**, *58*, 1935.

Übernommen und angepaßt mit Genehmigung von *J Org Chem* **1993**, *58*, 1935 ©1993
American Chemical Society

Diskussion

- Formulieren Sie den Mechanismus der Bischler-Napieralski-Reaktion in Schritt **b**.
- Warum können weniger sperrige Basen in Schritt **f** nicht eingesetzt werden?
- Schlagen Sie Strukturen für die bei der Hydrierung in Schritt **g** als Nebenprodukte gebildeten Diastereomere vor.
- Welches Derivatisierungsreagenz ist für die Bestimmung der optischen Reinheit mittels HPLC-Analyse für das in Schritt **h** gebildete 10-Camphersulphonsäuresalz geeignet?

Weiterführende Literatur

- Als Übersichtsartikel zur Synthese von Isochinolinalkaloiden siehe:
  M. D. Rozwadowska, *Heterocycles* **1994**, *39*, 903; E. D. Cox und J. M. Cook, *Chem. Rev.* **1995**, *95*, 1797.

- Einen Überblick über die Alkaloidchemie finden Sie bei: E. Breitmaier, *Alkaloide*, Teubner-Verlag, Stuttgart, **1997**.

- Als Übersichtsartikel zu chiralen Derivatisierungsreagenzien siehe: Y. Zhou, P. Luan, L. Liu und Z.-P. Sun, *J. Chromatogr. B: Biomed. Appl.* **1994**, *659*, 109.

3. Totalsynthese von Islandsäure-I-methylester

T. Shimizu, S. Hiranuma, T. Watanabe und M. Kirihara, *Heterocycles* **1994**, *38*, 243.

c SEM-Cl, *iso*-Pr$_2$NEt, CH$_2$Cl$_2$, 40 °C

f LDA, HMPA, THF –78 °C, anschließend MeO$_2$CCHO

g *p*-TsCl, Et$_3$N, DMAP, CH$_2$Cl$_2$, Rückfluß, 2 h

h 0 1 Aquiv PPTS, MeOH, Rückfluß, 2 h

k 2Z,4E-Hexadiensäure, DCC, DMAP, CH$_2$Cl$_2$, Rt 4 h
l BMS, THF, Rt 30 min

Diskussion

- Bei der Reaktionsfolge von Verbindung **2** zu **3** führt man einen Tetrahydropyranyl-(THP) Rest ein. Formulieren Sie den Mechanismus für diese Reaktion!
- Bei Reaktion **d** läßt sich als Nebenprodukt Verbindung **9** isolieren. Schlagen Sie einen Mechanismus für ihre Bildung vor!

9

- Geben Sie zwei alternative Methoden an, mit deren Hilfe man die SEM-Gruppen in Schritt **j** entfernen kann.

Weiterführende Literatur

- Einen Überblick der verschiedenen Schutzgruppen finden Sie bei: T. W. Greene und P. G. M. Wuts, *Protective Groups in Organic Synthesis*, 2. Aufl., Wiley, Chichester, **1991**.

4. Synthese von (+)-Patulolid C

S. Takano, T. Murakami, K. Samizu und K. Ogasawara, *Heterocycles* **1994**, *39*, 67.

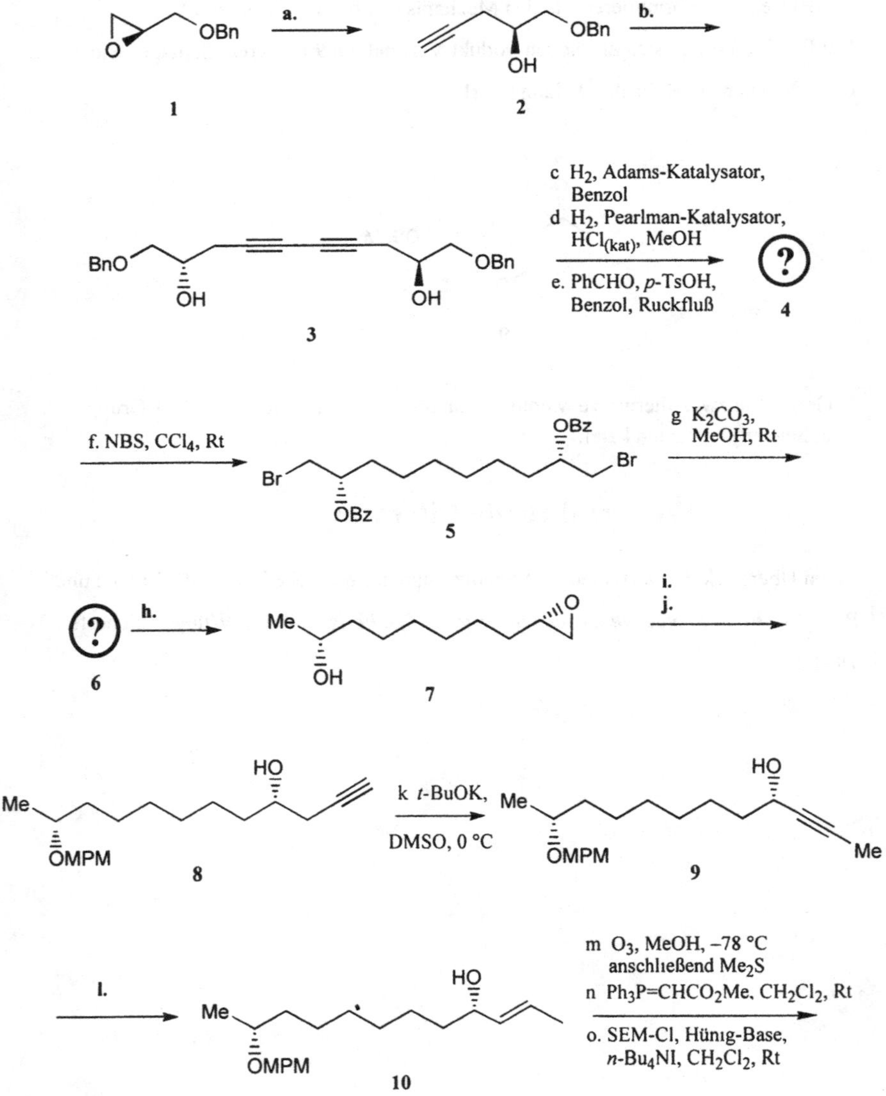

1 → a. → **2**

c H$_2$, Adams-Katalysator, Benzol
d H$_2$, Pearlman-Katalysator, HCl$_{(kat)}$, MeOH
e. PhCHO, *p*-TsOH, Benzol, Rückfluß

3 → **?** **4**

f. NBS, CCl$_4$, Rt → **5** → g K$_2$CO$_3$, MeOH, Rt

? **6** → h. → **7** → i. j.

8 → k *t*-BuOK, DMSO, 0 °C → **9**

l. → **10**

m O$_3$, MeOH, −78 °C anschließend Me$_2$S
n Ph$_3$P=CHCO$_2$Me, CH$_2$Cl$_2$, Rt
o. SEM-Cl, Hünig-Base, *n*-Bu$_4$NI, CH$_2$Cl$_2$, Rt

Me⧸⧸,,,, ... (Schema mit Verbindungen 11, 12, 13)

11 → (p., q.) → **12** (OSEM, CO₂H, OH)

r.
anschließend Isomerentrennung
s.

13

Übernommen und angepaßt mit Genehmigung von *Heterocycles* **1994**, *39*, 67 ©1994 The Japan Institute of Heterocyclic Chemistry

Diskussion

- Formulieren Sie den Mechanismus für die Reaktionsschritte **b** und **k**!

- Geben Sie Reaktionsbedingungen an, unter denen das Z-Olefin **14** aus dem Alkin **9** erhalten werden kann.

Weiterführende Literatur

- Eine vergleichbare Strategie wurde von Takano et al. bei der Synthese von Fragmenten von Milbemycin K eingesetzt, siehe: S. Takano, Y. Sekiguchi und K. Ogasawara, *Heterocycles* **1994**, *38*, 59.

- Einen Übersichtsartikel zu verschiedenen Methoden der Macrocyclensynthese finden Sie bei: Q. C. Meng und M. Hesse in *Top Curr. Chem.* **1992**, *161*, 107.

- Eine stärker chemoenzymatische Synthese des verwandten (*R*)-Patulolid A wurde publiziert von: A. Sharma, S. Sankaranarayanan und S. Chattopadhyay, *J Org Chem* **1996**, *61*, 1814.

5. Asymmetrische Synthese von 1-Deoxy-8,8a-di-epi-castanospermin

S. F. Martin, H.-J. Chen und V. M. Lynch, *J Org Chem.* **1995**, *60*, 276.

Diskussion

- Erklären Sie die im Reaktionsschritt **a** beobachtete Stereoselektivität.
- Schlagen Sie einen Mechanismus vor, der die Reaktion von **2** nach **3** erklärt.
- Welches Intermediat wird wahrscheinlich bei Schritt **j** durchlaufen?

Weiterführende Literatur

- Zur oxidativen Ringöffnung von Furanen siehe: B. M. Adger, C. Barrett, J Brennan, M. A. McKervey und R. W. Murray, *J Chem Soc Chem Commun* **1991**, *21*, 1553.
- Weitergehende Informationen zur chelat-kontrollierten Carbonyladdition siehe: M.T. Reetz, *Acc. Chem Res.* **1993**, *26*, 462.

6. Synthese von Hydantocidin-verwandten Strukturen

S. Hanessian, J.-Y. Sancéau und P. Chemla, *Tetrahedron* **1995**, *51*, 6669.

Übernommen und angepaßt mit Genehmigung von *Tetrahedron* **1995**, *51*, 6669 ©1995 Elsevier Science Ltd.

Diskussion

- Schlagen Sie einen Mechanismus für Reaktionsschritt **c** vor, und erläutern Sie die Stereochemie.

- Welche Bedeutung besitzt TBAF (Tetrabutylammoniumfluorid) in Schritt **i**?

Weiterführende Literatur

- Aktuelle Beispiele für den Einsatz von Fluorid-Ionen als Base finden Sie bei: T. Sato und J. Otera, *J. Org. Chem.* **1995**, *60*, 2627, sowie bei: T. Sato und J. Otera, *Synlett* **1995**, 845.

- Zum Einsatz von PyBroP (Bromtripyrrolidinophosphoniumhexafluorphosphat) siehe: J. Coste, E. Frerot und P. Jouin, *J Org Chem* **1994**, *59*, 2437.

7. Totalsynthese von (±)-Leuhistin

S. J. Hecker und K. M. Werner, *J Org Chem* **1993**, *58*, 1762.

Diskussion

- Diskutieren Sie die in Schritt e beobachtete Selektivität.
- Erklären Sie die Wanderung der Benzoatgruppe, die man bei der Reaktion von Verbindung **4** zu **5** beobachtet.

Weiterführende Literatur

- Zum Einsatz von aktiviertem Aluminiumoxid in der Synthese von β-Ketoestern siehe: D. D Dhavale, P. N. Patil und R. S Raghao, *J Chem Res , Synop* **1994**, *4*, 152.
- Als Übersichtsartikel zur katalytischen Hydrierung siehe: R. A. Johnstone, A. H. Wilby und I. D. Entwistle, *Chem Rev* **1985**, *85*, 129; G. Brieger und T. J. Nestrick, *Chem Rev.* **1974**, *74*, 567.

8. Synthese von Cryptophycin C

R. A. Barrow, T. Hemscheidt, J. Liang, S. Paik, R. E. Moore und M. A. Tius,

J. Am. Chem. Soc. **1995**, *117*, 2479.

Structures 10, 11 with reagents:

10 → (p., q.) → 11 (HO...NH₂)

11 → (r.; s RuCl₃, NaIO₄, CCl₄, MeCN; t DCC, DMAP, ?*) CH₂Cl₂) →

12 → (u Morpholin, Pd(PPh₃)₄, THF) → 13

13 → (v 9, DCC, DMAP CH₂Cl₂; w.; x.; y FDPP, iso-Pr₂NEt DMF) → 14

*) Das Fragezeichen steht für eine Verbindung, die zugesetzt werden muß, um zu dem gewünschten Zwischenprodukt zu gelangen

Übernommen und angepaßt mit Genehmigung von *J Am Chem Soc* **1995**, *117*, 2479 ©1995 American Chemical Society.

Diskussion

- Schlagen Sie eine Synthese für Verbindung **1** vor.

- Erklären Sie die Regioselektivität der Öffnung des Epoxids in Reaktionsschritt **c**

- Eine beträchtliche Menge von Verbindung **15** wird gebildet, wenn man bei Schritt **e** ohne Zusatz von 2,2-Dimethoxypropan arbeitet.

15

- Geben Sie eine Erklärung für die Bildung von **15** und für die Funktion von 2,2-Dimethoxypropan.
- Diskutieren Sie den Mechanismus für die Schritte **h** und **u**.

Weiterführende Literatur

- Untersuchungen zur Regioselektivität der Öffnung von Epoxiden finden Sie bei: M. Chini, P. Crotti, L. A. Flippin, C. Gardelli, E. Giovani, F. Macchia und M. Pineschi, *J Org Chem* **1993**, *58*, 1221; sowie bei M. Chini, P. Crotti, C. Gardelli und F. Macchia, *Tetrahedron* **1994**, *50*, 1261.
- Als Übersichtsartikel zu Ringschlußreaktionen in der Naturstoffsynthese siehe: Q. C. Meng und M. Hesse, *Top Curr Chem* **1992**, *161*, 107.
- Eine modifizierte Methode, Allylreste zu entfernen, finden Sie bei A. Merzouk und F. Guibè, *Tetrahedron Lett* *1992*, *33*, *477*

9. Totalsynthese von (–)-Balanol

J. W. Lampe, P. F. Hughes, C. K. Biggers, S. H. Smith und H. Hu, *J Org Chem.* **1994**, *59*, 5147; K. C. Nicolaou, M. E. Bunnage und K. Koide, *J Am. Chem Soc.* **1994**, *116*, 8402.

Ubernommen und angepaßt mit Genehmigung von *J Org Chem* **1994**, *59*, 5147 und *J Am Chem Soc.* **1994**, *116*, 8402 ©1994 American Chemical Society

Diskussion

- Diskutieren Sie die Selektivität der Umwandlung von **4** in Verbindung **5**
- Nennen Sie geeignete Methoden, *tert* -Butylester zu entschützen.
- Geben Sie eine alternative Methode an, um Alkohole in Azide zu überführen!
- Die Cyclisierung zum Hexahydroazepin **14** wird unter "mäßiger Verdünnung" durchgeführt (0.02 M). Welches sind vermutlich die Gründe hierfür?

Weiterführende Literatur

- Andere Totalsynthesen von Balanol und eng verwandter Analoga finden Sie bei: T. Naito, M. Torieda, K. Tajiri, I. Ninomiya und T. Kiguchi, *Chem Pharm Bull* **1996**, *44*, 624; E. Albertini, A. Barco, S. Benetti, C. De Risi, G. Pollini und V. Zanirato, *Synlett* **1996**, 29; K. C. Nicolaou, K. Koide und M. E. Bunnage, *Chem Eur J* **1995**, *1*, 454; K. Koide, M. E Bunnage, L. G Paloma, J. R. Kanter, S. S. Taylor, L. L. Brunton und K. C Nicolaou, *Chem Biol* **1995**, *2*, 601-8; C. P. Adams, S. M. Fairway, C. J. Hardy, D. E. Hibbs, M. B. Hursthouse, A. D. Morley, B. W. Sharp, N. Vicker und I. Warner, *J Chem Soc Perkin Trans 1*, **1995**, 2355; D. Tanner, A. Almario und T. Hoegberg, *Tetrahedron* **1995**, *51*, 6061.

- Zu einer Serie von Artikeln, die sich mit der biologischen Aktivität von Balanolderivaten, im besonderen mit ihrer Hemmung der Proteinkinase C, beschäftigt siehe: J. S. Mendoza, L. Yen-Shi, G. E. Jagdman Jr, W. Lampe *et al*, *Bioorg Med Chem Lett* **1995**, *5*, Seiten 1839, 2015, 2133, 2147, 2151, 2155, 2211.

- Zu der von Lampe *et al* genutzten asymmetrische Synthese von 3-Hydroxylysin siehe: P. F. Hughes, S. H. Smith und J. T. Olson, *J Org Chem.* **1994**, *59*, 5799.

- Zu einem Beispiel einer ähnlichen Umlagerung wie der in Schritt j siehe: G. E. Keck, S. F. McHardy und J. A. Murray, *J Am Chem Soc* **1995**, *117*, 7289.

22

10. Asymmetrische Synthese eines Bryostatinfragments

J. De Brabander und M. Vandewalle, *Synthesis* **1994**, 855.

Diskussion

- Welche Wirkung wird mit dem Magnesiumbromid-Etherat in Reaktionsschritt **d** erzielt?

- Begründen Sie, warum ausgerechnet die beobachtete Stereochemie bei Schritt **g** auftritt.

- Erläutern Sie die Rolle des *Seyferth-Reagenz* bei der Bildung von Produkt **6**. Formulieren Sie den Mechanismus für diesen Schritt!

11. Studien zur Synthese von Pseudopterosin

S. W. McCombie, C. Oritz, B. Cox und A. K. Ganguly, *Synlett* **1993**, 541.

Übernommen und angepaßt mit Genehmigung von *Synlett* **1993**, 541 ©1993 Georg Thieme Verlag

Diskussion

- Welche Aufgabe hat das Kalium-*t*-butylat in Reaktionsschritt **d**?
- Welchen Einfluß hat die Wahl des Wilkinson-Katalysators auf die Stereochemie dieser Reaktion?
- Formulieren Sie den Mechanismus für Reaktionsschritt **l**.

Weiterführende Literatur

- Einen Übersichtsartikel zur Hydrosilylierung finden Sie bei: I. Ojima in *The Chemistry of Organic Silicon Compounds* (Ed. S. Patai und Z. Rappoport), Vol. 2, J. Wiley and Sons, Chichester, 1989, S. 1479-1526.
- Weitere Untersuchungen zur Synthese von Pseudopterosin A wurden kürzlich veröffentlicht: L. Eklund, I. Sarvary und T. Frejd, *J. Chem Soc Perkin Trans 1*, **1996**, 303.

12. Totalsynthese von Neodolabellenol

D. R. Williams und P. J. Coleman, *Tetrahedron Lett.* **1995**, *36*, 35.

Diskussion

- Schlagen Sie für Verbindung **1** eine Synthese vor, bei der Sie von 2-Methyl-2-cyclopentenon ausgehen.

- Der direkte Einsatz der Vinyllithiumspezies, die man aus **2** generieren kann, führt bei der Kupplungsreaktion in Schritt **c** bevorzugt zum *Z*-Allylalkohol. Erklären Sie den Wechsel in der Stereoselektivität.

- Geben Sie eine Erklärung für die bevorzugte Bildung des β-Epimers bei der Julia-Kupplung in Schritt **j**.

- Eine geringe Menge der Verbindung **7** kann aus der Julia-Kupplung isoliert werden. Geben Sie eine Erklärung für diese Beobachtung .

Weiterführende Literatur

- Zu einer weiteren Anwendung der Julia-Kupplung in der Synthese von Macrocyclen siehe: K. Takeda, A. Nakajima und E. Yoshii, *Synlett* **1995**, 249.

- Zu verschiedenen Aspekten der durch Organocuprate vermittelten Öffnung von Epoxiden siehe: H. Bruce, R. S. Wilhelm, J. A. Kozlowski und D. Parker, *J. Org Chem.* **1984**, *49*, 3928.

13. Synthese von (–)-Swainsonin

M. Naruse, S. Aoyagi und C. Kibayashi, *J Org Chem.* **1994**, *59*, 1358.

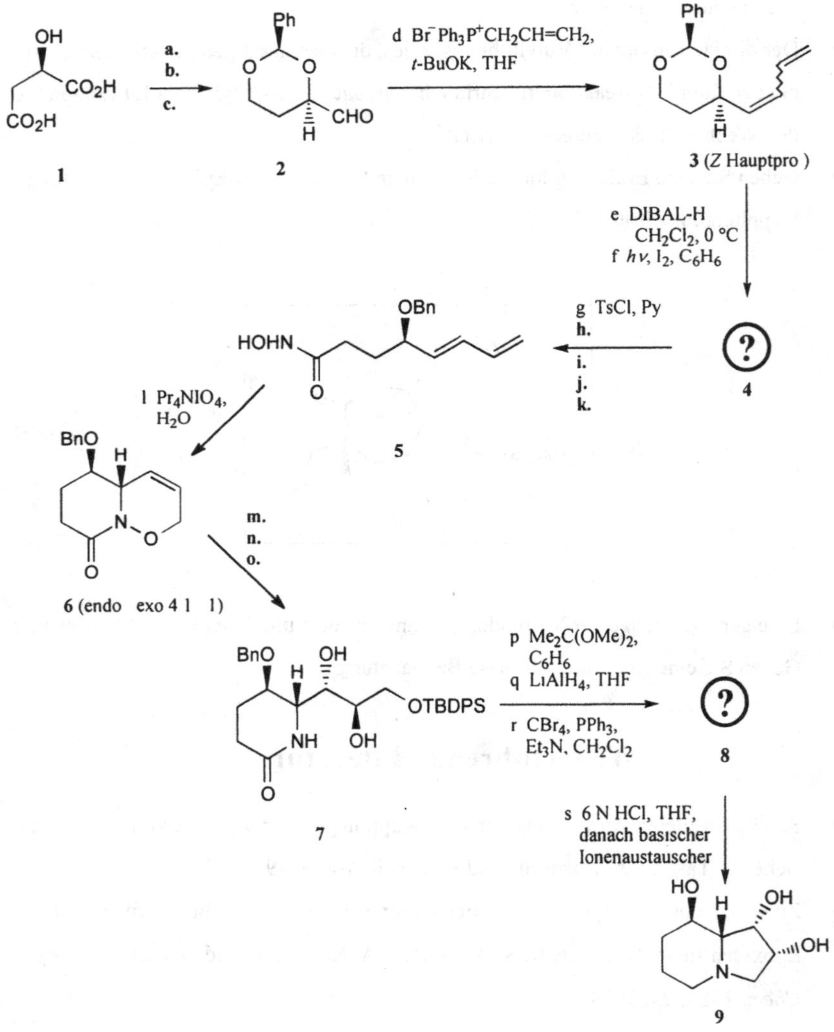

6 (endo exo 4 1 1)

7

9

Übernommen und angepaßt mit Genehmigung von *J Org Chem.* **1994**, *59*, 1358 ©1994 American Chemical Society

Diskussion

- Erläutern Sie die Selektivität der Hetero-Diels-Alder-Reaktion in Schritt I, und geben Sie einen Grund für die geringere Selektivität (endo:exo 1.3:1), die man beobachtet, wenn die Reaktion in Chloroform durchgeführt wird, an

- Erklären Sie die Selektivität im Osmylierungsschritt o.

Weiterführende Literatur

- Übersichtsartikel zur Hetero-Diels-Alder-Reaktion in der Naturstoffsynthese finden Sie bei J. Streith und A. Defoin, *Synthesis* **1994**, 1107; S. F. Martin, *J Heterocycl Chem.* **1994**, *31*, 679; H. Waldmann, *Synthesis* **1994**, 535.

14. Totalsynthese von Octalactin A und B

J. C. McWilliams und J. Clardy *J Am Chem Soc.* **1994**, *116*, 8378.

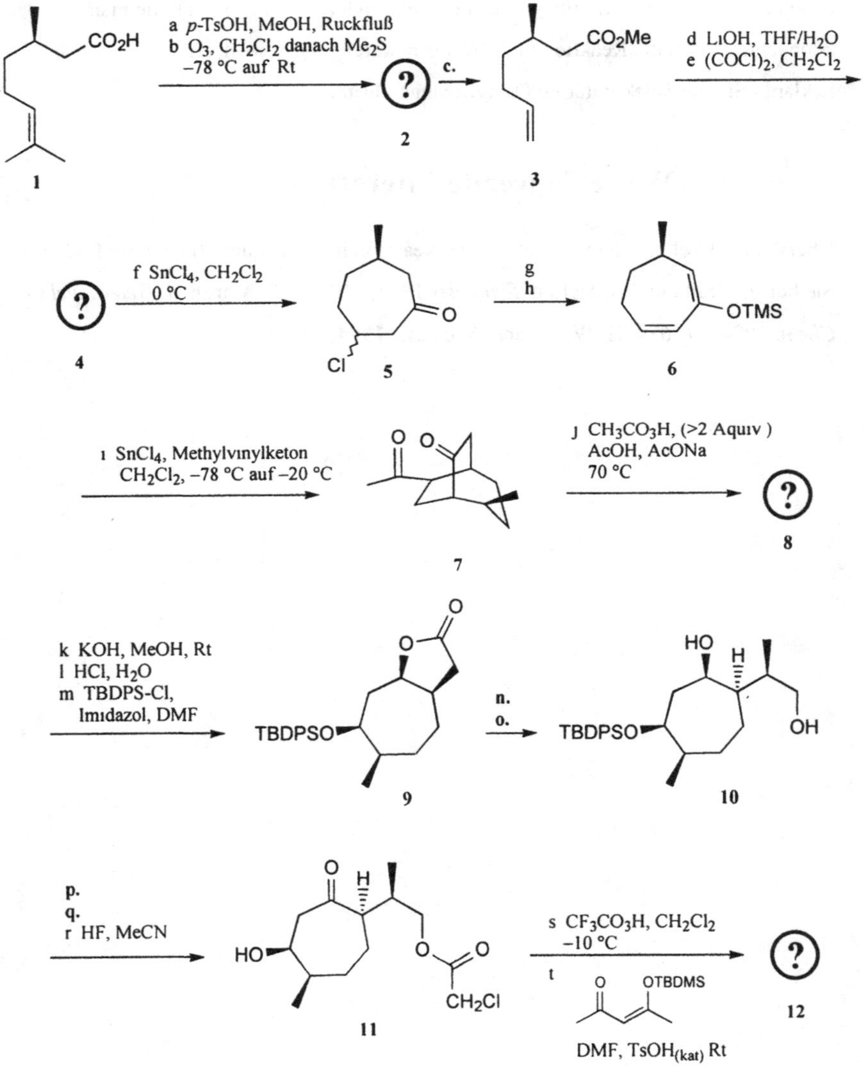
CO2H
a p-TsOH, MeOH, Ruckfluß
b O3, CH2Cl2 danach Me2S
−78 °C auf Rt
?
c.
CO2Me
d LiOH, THF/H2O
e (COCl)2, CH2Cl2
1
2
3
?
f SnCl4, CH2Cl2
0 °C
O
Cl
g
h
OTMS
4
5
6
i SnCl4, Methylvinylketon
CH2Cl2, −78 °C auf −20 °C
O
O
j CH3CO3H, (>2 Äquiv.)
AcOH, AcONa
70 °C
?
8
7
k KOH, MeOH, Rt
l HCl, H2O
m TBDPS-Cl,
Imidazol, DMF
O
O
TBDPSO
n.
o.
HO
H
TBDPSO
OH
9
10
p.
q.
r HF, MeCN
O
H
HO
O
O
CH2Cl
s CF3CO3H, CH2Cl2
−10 °C
t
O
OTBDMS
DMF, TsOH(kat) Rt
?
12
11

$$u \quad NH_3, THF,$$
$$-50\,°C \text{ auf } -40\,°C$$
$$v.$$

13

Übernommen und angepaßt mit Genehmigung von *J Am Chem Soc* **1994**, *116*, 8378 ©1994 American Chemical Society

Diskussion

- Schlagen Sie einen Mechanismus für den Cyclisierungsschritt **f** vor. Warum wird das siebengliedrige Cyclisierungsprodukt verglichen mit dem Sechsringsystem bevorzugt gebildet?
- Welche Aufgabe erfüllt das Zinntetrachlorid in Reaktionsschritt **i**?
- Erklären Sie die in den Schritten **j** und **s** beobachtet Regioselektivität. Erläutern Sie die Stereoselektivität derartiger Baeyer-Villiger-Oxidation.
- Geben Sie einen Grund für die Wahl von sauren Reaktionsbedingungen in Schritt **t** an.

Weiterführende Literatur

- Einen umfassenden Übersichtsartikel zur Baeyer-Villiger-Oxidation finden Sie bei: G. R. Krow, *Org React* **1993**, *43*, 251.

15. Asymmetrische Synthese der Milbemycin β₃ Spiroketaluntereinheit

M. A. Holoboski und E. Koft, *J. Org. Chem.* **1992**, *57*, 965.

Übernommen und angepaßt mit Genehmigung von *J Org Chem* **1992**, *57*, 965 ©1992 American Chemical Society.

Diskussion

- Schlagen Sie eine Methode zur Bestimmung des Enantiomerenüberschusses des in Schritt f gebildeten Produktes vor

- Was ist für die Regioselektivität in Schritt f bestimmend?

- Schlagen Sie eine Struktur für das Produkt von Schritt h vor und erklären Sie, was die treibende Kraft bei der Reaktion zu Verbindung 7 ist.

- Schlagen Sie aufgrund von mechanistischen Überlegungen und der Tatsache, daß im Protonenspektrum nur zwei Signale zwische $\delta = 6.0$ und $\delta = 4.5$ beobachtet werden, eine Struktur für das Produkt von Schritt m vor.

- Formulieren Sie den Mechanismus für Schritt p. Wodurch wird die Stereochemie am Spiroketalzentrum kontrolliert?

Weiterführende Literatur

- Als Übersichtsartikel zur Synthese von Avermectinen und Milbemycinen siehe: T. A. Blizzard, *Org Prep Proced Int* **1994**, *26*, 617.

- Eine aktuelle Totalsynthese von Milbemycin G siehe S Bailey, A Teerawutgulrag und E. J. Thomas, *J Chem Soc Chem Commun* **1995**, 2519 *und* 2521

- Zur Synthese der Spiroacetalfragmente des Milbemycin β_1 siehe: S Naito, M. Kobayashi und A. Saito, *Heterocycles* **1995**, *41*, 2027.

- Eine sehr gute Einführung zur Hydroborierung finden Sie bei: S. E. Thomas, *Organic Synthesis — The Roles of Boron and Silicon*, Oxford University Press, Oxford, 1991, S. 1–8. Eine detailiertere Beschreibung gibt: A. Pelter, K. Smith und H. C. Brown, *Borane Reagents*, Academic Press 1988, S. 165–230.

- Ein anderes Beispiel für eine Sequenz aus Birch-Reduktion und Ozonolyse finden Sie bei: G. Zvilchovsky und V. Gury, *J Chem Soc, Perkin Trans. 1*, **1995**, 2509.

- Strukturdaten zu kürzlich isolierten Milbemycinen siehe: G. H. Baker, S. E. Blanchflower, R. J. Dorgan, J. R. Everett, B. R. Manger, C. R. Reading, S. A. Readshaw und P. Shelley. *J Antibiot* **1996**, *49*, 272

16. Stereoselektive Synthese von (+)-Artemisinin

M. A. Avery, W. K. M Chong und C. Jennings-White, *J. Am. Chem. Soc* **1992**, *114*, 974.

8 ⟶ 9

Übernommen und angepaßt mit Genehmigung von *J Am Chem Soc* **1992**, *114*, 974 ©1992 American Chemical Society

Diskussion

- Geben Sie einen Grund an, warum man Verbindung **2** vor dem Alkylierungsschritt **d** oxidiert.

- Erklären Sie die in Reaktionsschritt **h** beobachtete Stereoselektivität.

- Welcher andere Ester könnte über eine Claisen-Umlagerung direkt zu Verbindung **7** führen?

- Schlagen Sie einen Mechanismus für die Bildung von Verbindung **8** durch Ozonolyse des Vinylsilans **7** vor.

Weiterführende Literatur

- Einen Überblick zu aktuellen Synthesen von Artemisinin finden Sie bei: M. G. Constantino, M. Beltrame und G. V J. Dasilva, *Synth Commun* **1996**, *26*, 321; W.-S. Zhou und X.-X. Xu, *Acc Chem Res* **1994**, *27*, 211

- Zu Synthesen von Strukturanaloga von Artemisin, siehe: G. H. Posner, C. H. Oh, L. Gerena und W. K. Milhous, *J Med Chem* **1992**, *35*, 459.

- Untersuchungen zum Wirkmechanismus von Artemisinin siehe: G. H. Posner, J. N. Cumming, P. Ploypradith und C. H. Oh, *J Am Chem Soc* **1995**, *117*, 5885.

- Als Übersichtsartikel zur Anwendung der Shapiro-Reaktion siehe: R. M. Adlington und A. G. M. Barrett, *Acc Chem Res.* **1983**, *16*, 55.

17. Synthese von (±)-Prosopinin

G. R. Cook, L. G. Beholz und J. R. Stille, *Tetrahedron Lett.* **1994**, *35*, 1669.

Diskussion

- Schlagen Sie einen Mechanismus für die Ringbildungsreaktion des Alkins **2** zum δ-Lactam **3** vor.
- Zu welchem Produkt führt die direkte Baeyer-Villiger-Oxidation von Verbindung **5**?
- Schlagen Sie eine Struktur für Verbindung **10** vor.
- Verbindung **11** wird als 85 : 15-Mischung mit seinem *trans*-Isomer gebildet. Erklären Sie die Selektivität dieser Reaktion.

Weiterführende Literatur

- Als Übersichtsartikel zur Stereochemie der Wittig- und verwandter Reaktionen siehe: E. Vedejs und M. J. Peterson, *Topics in Stereochemistry* **1994**, *21*, 1; B. E. Maryanoff und A. B. Reitz, *Chem Rev* **1989**, *89*, 863.
- Einen umfangreichen Übersichtsartikel zur Synthese von Schwefelverbindungen mit dem Lawesson-Reagenz finden Sie bei: M. P. Cava und M. I. Levinson, *Tetrahedron* **1985**, *41*, 5061.
- Eine Arbeit, die im Zusammenhang mit diesem Artikel steht, finden Sie bei: G. R. Cook, L. G. Beholz und J. R. Stille, *J Org. Chem.* **1994**, *59*, 3575.

38

18. Synthese eines geschützten fluorierten carbocyclischen Nucleosids

S. M. Roberts et al, *J Chem Soc Perkin Trans 1*, **1991**, 3071.

Diskussion

- Geben Sie Gründe für die Stereoselektivität der Epoxidierung in Schritt **e** an.
- Formulieren Sie den Mechanismus für die Fluorierung in Schritt **n**.

Weiterführende Literatur

- Einen Übersichtartikel zur Selektivität in Enzymreaktionen finden Sie bei:
  J. B. Jones, *Aldrichimica Acta* **1993**, *26*, 105. Weitere Untersuchungen zum reaktiven Zentrum von Lipasen siehe: K. Naemura, R. Fukuda, M. Murata, M. Konishi, K. Hirose und Y. Tobe, *Tetrahedron Asymm* **1995**, *6*, 2385.
- Als Übersichtsartikel zur Fluorierung von organischen Verbindungen siehe. O. A. Mascaretti, *Aldrichimica Acta* **1993**, *26*, 47.

19. Synthese von (±)-Oxerin

Y. Aoyagi, T. Inariyama, Y. Arai, S. Tsuchida, Y. Matuda, H. Kobayashi, A. Ohta, T. Kurihara und S. Fujihira, *Tetrahedron* **1994**, *50*, 13575.

Übernommen und angepaßt mit Genehmigung von *Tetrahedron* **1994**, *50*, 13575 ©1994 Elsevier Science Ltd

Diskussion

- Welches ist der Hauptgrund der Selektivität im Alkylierungsschritt **a**?
- Schlagen Sie einen Mechanismus für Schritt **d** vor.
- Formulieren Sie einen Mechanismus für die Samariumiodid-katalysierte Cyclisierung des Acetylens **6**. Welches ist das für diesen Schritt verantwortliche reaktive Intermediat?
- Begründen Sie, warum die Bildung des Cyclohexens **11** benachteiligt sein sollte.
- Warum war es nicht möglich, den Alkohol **9** direkt durch Hydroborierung des Olefins **7** zu erhalten?
- Welcher Effekt ist für die beobachtete hohe Diastereoselektivität bei der Methylierung des Ketons **8** verantwortlich?

Weiterführende Literatur

- Einen Übersichtsartikel zu den *Baldwin-Regeln* finden Sie bei: C. D. Johnson, *Acc Chem Res*. **1993**, *26*, 476.
- Als aktuellen Übersichtsartikel zum Einsatz von Samariumiodid siehe: G. A. Molander und C. R. Harris, *Chem Rev*. **1996**, *96*, 307.

20. Synthese eines enantiomerenreinen C-4 funktionalisierten 2-Iodcyclohexanonacetals

Z. Su und L. A. Paquette, *J. Org. Chem.* **1995**, *60*, 764.

Übernommen und angepaßt mit Genehmigung von *J. Org. Chem.* **1995**, *60*, 764 ©1995 American Chemical Society.

Diskussion

- Erklären Sie die Selektivität bei der Bildung des Lactonrings in Schritt **a**.
- Welche Aufgabe erfüllt Lithiumchlorid in Schritt **j**?

Weiterführende Literatur

- Zu einer Modifikation der Barton-Deoxygenierungsreaktion mit an Polystyrol gebundenem Organozinnhydrid siehe: W. P. Neumann und M. Peterseim, *Synlett* **1992**, 801.
- Einen Übersichtsartikel zur Barton-McCombie-Reaktion finden Sie bei: C. Chatgilialoglu und C. Ferreri, *Res Chem Intermed* **1993**, *19*, 755.
- Als Übersichtsartikel zum Einsatz von Vinyltriflaten in der Synthese siehe: K. Ritter, *Synthesis* **1993**, 735.

44

21. Synthese des Tropanalkaloids Calystegin A3

C. R. Johnson und S. J. Bis, *J. Org. Chem.* **1995**, *60*, 615.

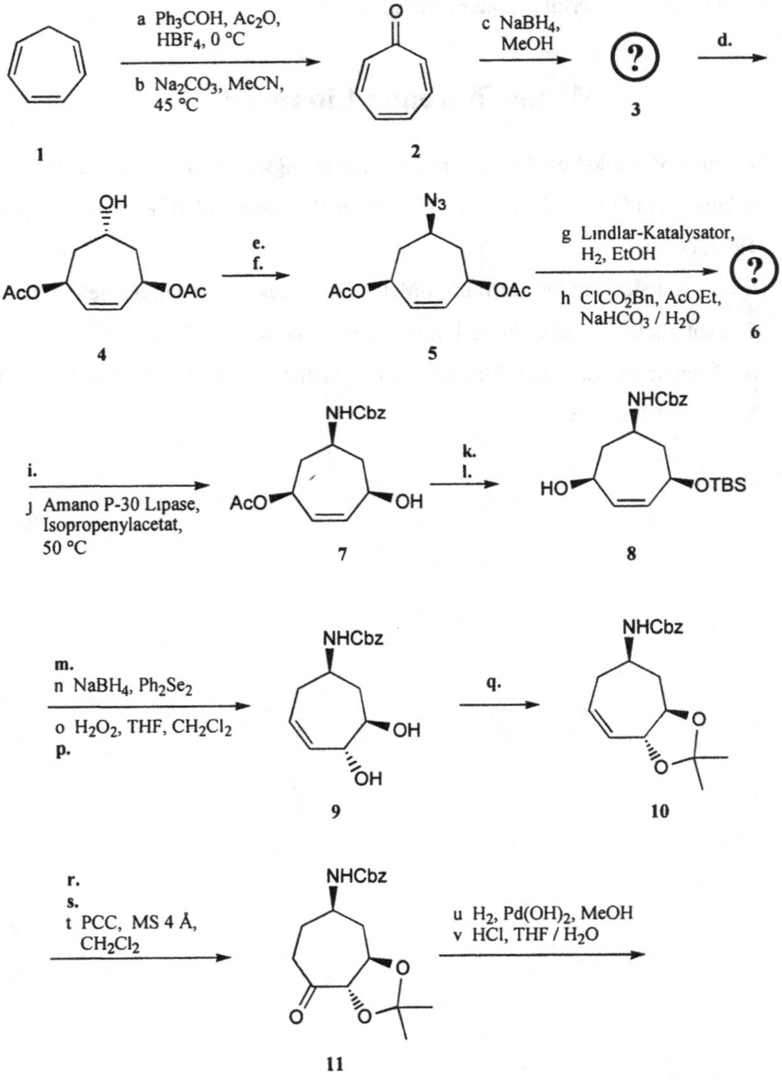

12   w.   13

Diskussion

- Formulieren Sie den Mechanismus für die Bildung von Verbindung **2**.

- Erklären Sie die Diastereoselektivität der Palladium-katalysierten Diacetoxylierung von Verbindung **3**.

- Schlagen Sie eine enzymatische Route für die Umsetzung von Verbindung **6** zu **7** vor.

- Der Versuch, an dem Azidoderivat **5** oder dem entsprechenden Diol Asymmetrie enzymatisch zu generieren, schlug fehl. Geben Sie einen Grund für die beobachtete geringe Enantioselektivität an.

- Formulieren Sie den Mechanismus für die Bildung des Diols **9**.

- Eine beträchtliche Menge der Verbindung **14** entsteht bei den Hydroborierungs-schritten **r** und **s**. Schlagen Sie eine mögliche Erklärung dafür vor, daß in diesem Fall kein starker dirigierender Effekt des α-Sauerstoffatoms zu beobachten ist.

14

Weiterführende Literatur

● Literaturzitate zur Stereo- und Regioselektivität in Palladium-katalysierten Diacetoxylierungen von Dienen siehe: J. E. Bäckvall, S. E. Bystroem und R. E. Nordberg, *J. Org. Chem.* **1984**, *49*, 4619; J. E. Bäckvall und R. E. Nordberg, *J. Am. Chem. Soc.* **1981**, *103*, 4959.

● Zur Kombination von enzymatischen Umwandlungen und Palladium-katalysierten Reaktionen in asymmetrischen Synthesen siehe: J. E. Bäckvall, R. Gatti und H. E. Schink, *Synthesis* **1993**, 343; J. V. Allen und J. M. Williams, *Tetrahedron Lett.* **1996**, *37*, 1859.

● Zum Einsatz von Enzymen in organischen Lösungsmitteln siehe: A. M. Klibanov, *Acc. Chem. Res.* **1990**, *23*, 114; C.-S. Chen und C. J. Sih, *Angew. Chem.* **1989**, *101*, 711; *Angew. Chem.* Int. Ed. Engl. **1989**, *28*, 695.

● Zur enzymatischen Umwandlung von Troponderivaten zu Zuckern und verwandten Verbindungen siehe: C. R. Johnson, A. Golebiowski, D. H. Steensma und M. A. Scialdone, *J. Org. Chem.*, **1993**, *58*, 7185.

22. Totalsynthese von (–)-Solavetivon

J. R. Hwu und J. M. Wetzel, *J. Org. Chem.* **1992**, *57*, 922.

13

Übernommen und angepaßt mit Genehmigung von *J Org Chem.* **1992**, *57*, 922 ©1992 American Chemical Society

Diskussion

- Schlagen Sie einen Mechanismus für Reaktionsschritt **d** vor.

- Die Überführung von Verbindung **6** in das Trienon **7** wurde in einem einzigen Oxidationsschritt durchgeführt. Schlagen Sie eine alternative Methode zur Einführung einer α,β-ungesättigten Doppelbindung in ein Keton vor.

- Welche Faktoren kontrollieren die Regio- und Stereoselektivität der Addition des Trimethylsilylnucleophils in Schritt **g**?

- Ein homonukleares NMR-Entkopplungsexperiment, mit gleichzeitiger Einstrahlung an den zwei Protonensignalen bei $\delta = 4.69$ und $\delta = 4.70$, wurde an Verbindung **11** durchgeführt. Dieses führt zu einer Vereinfachung des Multipletts zwischen $\delta = 2.35$ – 2.87, das zu einem einzelnen Proton gehört. In einem anschließenden NOE-Experiment wurde eine 18%ige Vergrößerung des besagten Multipletts durch Einstrahlung am Dublett der Methylgruppe bei $\delta = 1.26$ beobachtet. Stellen Sie die obigen Beobachtungen in einen Zusammenhang mit der für Verbindung **11** gegebenen Struktur und Stereochemie.

- Formulieren Sie einen Mechanismus für die Lewis-Säure-katalysierte Umlagerung in Schritt **l**.

Weiterführende Literatur

- Weitere aktuelle Strategien für Spirocyclisierungen siehe: D. L. J. Clive, X. Kong und C. C. Paul, *Tetrahedron* **1996**, *52*, 6085; A. Srikrishna, P. P. Praveen und R. Viswajanani, *Tetrahedron Lett* **1996**, *37*, 1683; Y. I. M. Nilsson, A. Aranyos, P. G. Andersson, J.-E. Bäckvall, J.-L. Parrain, C. Ploteau und J-P. Quintard, *J Org. Chem* **1996**, *61*, 1825; A. Srikrishna, T. Reddy, K. P. Jagadeeswar und V. D. Praveen, *Synlett* **1996**, 67; R. Grigg, B. Putnicovic und C. J. Urch, *Tetrahedron Lett* **1996**, *37*, 695.

23. Totalsynthese von (+)-Himbacin

D. J. Hart, W.-L. Wu und A. P. Kozikowski, *J Am Chem Soc* **1995**, *117*, 9369.

10   s Jones-Oxidation   11
          t.
          u.

Übernommen und angepaßt mit Genehmigung von *J Am Chem Soc* **1995**, *117*, 9369 ©1995
American Chemical Society.

Diskussion

- Die Reaktionssequenz, die von dem Dienolatderivat von **2** ausgeht, führt zu einer
  8:1-Mischung der zu Verbindung **3** gehörenden E:Z-Isomere. Wie ließe sich das
  Stereoisomerenverhältnis verbessern?

- Eine wesentlich niedrigere Selektivität in der Diels-Alder-Reaktion wird beobachtet,
  wenn man den der Verbindung **4** entsprechenden Alkylester einsetzt oder wenn man
  ohne Zusatz von Katalysator arbeitet. Geben Sie Begründungen für diese Beob-
  achtungen an.

- Welches Ausgangsmaterial ist für die Synthese von Aldehyd **9** geeignet?

Weiterführende Literatur

- Zur Kontrolle der regioselektiven Alkylierung von Dienolaten siehe: Y. Yamamoto,
  S. Hatsuya und J. Yamada, *J Org Chem* **1990**, *55*, 3118.

- Zum Einsatz von Samariumdiiodiden in der Julia-Lythgoe-Olefinierung siehe:
  G. E. Keck, K. A. Savin und M. A. Weglarz, *J Org Chem*. **1995**, *60*, 3194.

- Als Übersichtsartikel zur Steigerung der Geschwindigkeit und Selektivität in Diels-
  Alder-Reaktionen siehe· U. Pindur, G. Lutz und C. Ott, *Chem. Rev* **1993**, *93*, 741.

24. Synthese von 5-Hydroxytiagabin

K. E. Andersen, M. Begtrup, M. S. Chorghade, E. C. Lee, J. Lau, B. F. Lundt,

H. Petersen, P. O. Sørensen und H. Thøgersen, *Tetrahedron* **1994**, *50*, 8699.

Übernommen und angepaßt mit Genehmigung von *Tetrahedron* **1994**, *50*, 8699 ©1994 Elsevier
Science Ltd

Diskussion

- Was kontrolliert die Selektivität der Bromierung von 3-Methylthiophen **1**?
- Schlagen Sie einen Mechanismus für die Umlagerung in Reaktionsschritt **j** vor.
- Welchen Zweck erfüllt die katalytische Menge Kaliumiodid in Schritt **k**?

Weiterführende Literatur

- Einen aktuellen Bericht zur biologischen Aktivität von Tiagabin finden Sie bei:
  T. Halonen, J. Nissinen, J. A. Jansen und A. Pitkaenen, *Eur J Pharmacol* **1996**, *299*, 69.

25. Studien zur Synthese von Zoanthaminalkaloiden

D. Tanner, P. G. Andersson, L. Tedenborg und P. Somfai, *Tetrahedron* **1994**, *50*, 9135.

Übernommen und angepaßt mit Genehmigung von *Tetrahedron* **1994**, *50*, 9135 ©1994 Elsevier Science Ltd

Diskussion

- Was ist, stereochemisch gesehen, das Produkt des Reduktionsschritts **h**?
- Formulieren Sie einen Mechanismus, der die Bildung und Stereochemie von Verbindung **7** erklärt. Welches ist die Struktur des vor der Umlagerung gebildeten Intermediats **6**?

Weiterführende Literatur

- Als aktuellen Übersichtsartikel zu asymmetrischen und enantioselektiven Epoxidierungen siehe: E Hoeft, *Top Curr Chem.* **1993**, 63.
- Zur Anwendung der Johnson-Claisen-Umlagerung zu verwandten Systemen siehe: A. Srikrishna und R. Viswajanani, *Tetrahedron Lett* **1996**, *37*, 2863.

56

26. Totalsynthese von 1233A

P. M. Wovkulich, K. Shankaran, J. Kigıel und M. R. Uskokovic, *J Org Chem*, **1993**, *58*, 832.

t.
u.
v.
w PhSO$_2$Cl, Py
x 49% HF, THF

⟶

12

Diskussion

- Formulieren Sie den Mechanismus des durch Noyori-Katalysator vermittelten asymmetrischen Hydrierungsschritts **a**

- Erklären Sie die in der [2,3]-Wittig-Umlagerung beobachtete Diastereoselektivität in Reaktionsschritt **i**.

- Während des Hydroborierungsschritts wird eine deutliche Menge von Verbindung **13** gebildet. Schlagen Sie einen Weg vor, der es erlaubt, die latente Symmetrie auszunutzen, um das gewünschte Epimer **8** herzustellen.

Weiterführende Literatur

- Zum Einfluß von Säurespuren in dem durch Ruthenium (II)-BINAP katalysierten, asymmetrischen Hydrierungsschritt siehe: S. A. King, A. S. Thompson, A. O. King und R. T. Verhoeven, *J Org Chem.* **1992**, *57*, 6689.

- Als Übersichtsartikel zur [2,3]-Wittig-Umlagerung siehe: K. Mikami und T. Nakai, *Synthesis* **1991**, 594; K. Mikami und T. Nakai, *Chem. Rev* **1986**, *86*, 885.

58

27. Synthese eines Schlüsselintermediats von 1ß-Methylcarbapenem Antibiotika

S.-H Kang und H.-S. Lee, *Tetrahedron Lett* **1995**, *36*, 6713.

TBDMSO

11

Übernommen und angepaßt mit Genehmigung von *Tetrahedron Lett* **1995**, *36*, 6713 ©1995 Elsevier Science Ltd

Diskussion

- Wenn man das Epimer *epi*-3 der in den Schritten **d** und **e** dargestellten Sequenz unterwirft, wird ein Diastereomerengemisch gebildet. Wie könnten dessen Strukturen aussehen, und wie erklären Sie die beobachtete Stereoselektivität?

epi-3

- Wie läßt sich *epi*-3 in die Verbindung **3** überführen?
- Welchen Zweck erfüllt das Hydrochinon in Reaktionsschritt **e**?
- Schreiben Sie die Struktur des reaktiven Intermediats in Schritt **k** auf.

Weiterführende Literatur

- Als Übersichtsartikel zum Einsatz von geschützten Cyanhydrinen als Äquivalente für das Acylanion siehe: J. D. Albright, *Tetrahedron* **1983**, *39*, 3207.
- Übersichtsartikel zur [3+2]-Cycloaddition von Nitronen (N-Oxide einer Schiffschen Base) an Olefine finden Sie bei: P. N. Confalone und E. M. Huie, *Org React* **1988**, *36*, 1.
- Übersichtsartikel zur Mitsunobu-Reaktion siehe: D. L. Hughes, *Org. React* **1992**, *42*, 335; D. L. Hughes, *Org Prep Proc Int* **1996**, *28*, 127.

28. Totalsynthese eines Fragments von Hennoxazol A

P. Wipf und S. Lim, *J. Am. Chem. Soc.* **1995**, *117*, 558.

Übernommen und angepaßt mit Genehmigung von *J. Am. Chem. Soc.* **1995**, *117*, 558 ©1995 American Chemical Society.

Diskussion

- Formulieren Sie den Mechanismus der Evans-Mislow-Umlagerung in Schritt **c**.
- Schlagen Sie einen Mechanismus für die Bildung von Verbindung **5** vor.
- Erklären Sie die beobachtete Stereoselektivität bei der Luche-Reduktion in Schritt **j**.

Weiterführende Literatur

- Eine mechanistische Erklärung für die bei der Sharpless-Epoxidierung beobachtete Selektivität siehe: E. J. Corey, *J Org. Chem.* **1990**, *55*, 1693; P. G. Potvin und S. Bianchet, *J Org Chem* **1992**, *57*, 6629.

- Übersichtsartikel zur Birch-Reduktion siehe: P. W. Rabideau, *Tetrahedron* **1989**, *45*, 1579; J. M. Hook und L. N. Mander, *Nat Prod Rep* **1986**, *3*, 35; T. Laue und A. Plagens, *Namen- und Schlagwort-Reaktionen der Organischen Chemie*, Teubner-Verlag, Stuttgart, **1998**, S. 49.

- Einen Übersichtsartikel zum Einsatz von Tetrapropylammoniumperruthenat in der organischen Synthese finden Sie bei: S. V. Ley, J. Norman und S. P. Marsden, *Synthesis* **1994**, 639.

- Eine Analyse des Mechanismus der Evans-Mislow-Umlagerung siehe: D. K. Jones-Hertzog und W. L. Jorgensen, *J Org. Chem* **1995**, *60*, 6682; D. K. Jones-Hertzog und W. L. Jorgensen, *J Am. Chem Soc.* **1995**, *117*, 9077.

29. Totalsynthese von (+)-Duocarmycin A

D. L. Boger, J. A. McKie, T. Nishi und T. Ogiku, *J Am. Chem Soc.* **1996**, *118*, 2301.

Übernommen und angepaßt mit Genehmigung von *J Am Chem Soc* **1996**, *118*, 2301 ©1996 American Chemical Society

Diskussion

- Schritt **k** wurde so durchgeführt, daß man LDA zum Substrat zusetzte. Es zeigte sich, daß man vollständige Inversion des neugebildeten quaternären Stereozentrums α zum Imin erhält, wenn man das Substrat zur Base zusetzt. Schlagen Sie eine Erklärung für diese Beobachtung vor.

Weiterführende Literatur

- Als Übersichtsartikel zum Gebrauch von Allylstannanen siehe: E. J. Thomas, *Chemtracts* **1994**, *7*, 207.

30. Studien zur Totalsynthese von Rapamycin

J. C. Anderson, S. V. Ley und S. P. Marsden, *Tetrahedron Lett.* **1994**, *35*, 2087.

Übernommen und angepaßt mit Genehmigung von *Tetrahedron Lett.* **1994**, *35*, 2087 ©1994 Elsevier Science Ltd.

Diskussion

- Wie hoch ist die maximale theoretische Ausbeute für Reaktionsschritt **a**?
- Formulieren Sie einen Mechanismus für den Cyclisierungsschritt **f**.
- Welche Aufgabe erfüllt PPh$_3$ in Schritt **i**?
- Erklären Sie die in Schritt **j** beobachtete Selektivität.
- Es wurde beobachtet, daß das Anomer von Verbindung **5** mit geringerer Selektivität reagiert. Was könnte der Grund dafür sein?
- Schlagen Sie eine Synthese für das Vinyliodid **8** vor.
- Wie könnte das unerwünschte Diastereomer, das man als Nebenprodukt in der Nozaki-Kishi-Reaktion in Schritt **n** erhält, in Verbindung **9** überführt werden?

Weiterführende Literatur

- Zum Einsatz von Enzymen in organischen Lösungsmitteln siehe: A. L. Gutman und M. Shapira, *Adv Biochem Eng /Biotechnol.* **1995**, *52*, 87; L. Kvittingen, *Tetrahedron* **1994**, *50*, 8253; A. P. G. Kieboom, *Biocatalysis* **1990**, 357; C. H. Wong, *Science* **1989**, *244*, 1145; C. S. Chen und C. J. Sih, *Angew Chem* **1989**, *101*, 711; *Angew Chem Int Ed Engl* **1989**, *28*, 695; A. M. Klibanov, *Trends Biochem Sci* **1989**, *14*, 141.

- Als Übersichtsartikel zur Herstellung und Reaktivität von Alkenylzink-, -kupfer- und -chromverbindungen siehe: P. Knochel und C. J. Rao, *Tetrahedron* **1993**, *49*, 29.

- Einen Übersichtsartikel zur Nozaki-Kishi-Reaktion finden Sie bei: P. Cintas, *Synthesis* **1992**, 248.

- Weitere Veröffentlichungen in dieser Reihe von Publikationen zur Synthese von Rapamycin finden Sie bei: C. Kouklovsky, S. V. Ley und S. P. Marsden, *Tetrahedron Lett.* **1994**, *13*, 2091; S. V. Ley, J. Norman und C. Pinel, *Tetrahedron Lett* **1994**, *35*, 2095.

31. Studien zur Totalsynthese von Rapamycin

C. Kouklovsky, S. V. Ley und S. P. Marsden, *Tetrahedron Lett.* **1994**, *35*, 2091.

2 (1 2 mit *syn* Isomer)

Übernommen und angepaßt mit Genehmigung von *Tetrahedron Lett* **1994**, *35*, 2091 ©1994 Elsevier Science Ltd.

Diskussion

- Wie ließe sich das in Reaktionsschritt **a** gebildete, unerwünschte *syn*-Isomer recyclisieren?
- Formulieren Sie den Mechanismus für Schritt **c**.
- Erklären Sie die bei der Addition des (-)-(*E*)-Crotyldiisocampheylborans an den Aldehyd **4** beobachtete Diastereoselektivität.
- Diskutieren Sie die Diastereoselektivität der Epoxidierung des Homoallylalkohols **5**.
- Wie ließe sich die Stereoselektivität dieser Reaktion umkehren?

Weiterführende Literatur

- Als Übersichtsartikel zur enantioselektiven Reduktion von Ketonen siehe:
  V. K. Singh, *Synthesis* **1992**, 607.
- Als Übersichtsartikel zur Diastereoselektivität in nucleophilen Additionsreaktionen an unsymmetrisch substituierten Carbonylverbindungen siehe: B. W. Gung, *Tetrahedron* **1996**, *52*, 5263.
- Übersichtsartikel zur Synthese chiraler Epoxide finden Sie bei: P. Besse und H. Veschambre, *Tetrahedron* **1994**, *50*, 8885; W. Adam und M. J. Richter, *Acc Chem. Res* **1994**, *27*, 57; K. A. Jørgensen, *Chem Rev* **1989**, *89*, 431.
- Als Übersichtsartikel zu substratdirigierenden Reaktionen siehe: A. H. Hoveyda, D. A. Evans und G. C. Fu, *Chem Rev* **1993**, *93*, 1307.
- Als Übersichtsartikel zur Chemie der Epoxide siehe: J. Gorzynski Smith, *Synthesis* **1984**, 629.
- Als Übersichtsartikel zu intramolekularen Reaktionen von Allyl- und Propargyl-silanen siehe: D. Schinzer, *Synthesis* **1988**, 263.
- Als Übersichtsartikel zu Synthesen unter Einsatz chiraler Borane siehe:
  D. S. Matteson, *Chem. Rev* **1986**, 973.

32. Studien zur Totalsynthese von Rapamycin

S. V. Ley, J. Norman und C. Pinel, *Tetrahedron Lett.* **1994**, *35*, 2095.

Übernommen und angepaßt mit Genehmigung von *Tetrahedron Lett.* **1994**, *35*, 2095 ©1994 Elsevier Science Ltd.

Diskussion

- Welches Weinsäurediethyltesterenantiomer ist in der Sharpless-Epoxidierung (Schritt **g**) notwendig, um das gewünschte Stereoisomer zu erhalten?

Weiterführende Literatur

- Zur Synthese von Lactonen über Tricarbonyleisen-Lactonkomplexe siehe: S. V. Ley, L. R. Cox und G. Meek, *Chem. Rev* **1996**, *96*, 423; G. D. Gary, S. V. Ley, C. R. Self und R. Sivaramakrishnan, *J Chem Soc Perkin Trans 1*, **1981**, *1*, 270; R. Aumann, H. Ring, C. Krüger und R. Goddard, *Chem Ber* **1979**, *112*, 3644.

- Als Übersichtsartikel zum Einsatz von Eisencarbonylkomplexen siehe: G. D. Annis, E. M. Hebblethwaite, S. T. Hodgson, A. M. Horton, D. M. Hollinshead, S. V. Ley und R. Sivaramakrishnan, *Spec. Publ R Soc. Chem.* **1984**, *50*, 148; J. Rodriguez, P. Brun und B. Waegell, *Bull Chem Soc Fr* **1989**, 799.

- Als Übersichtsartikel zur Sharpless-Epoxidierung siehe: T. Laue und A. Plagens, *Namen- und Schlagwort-Reaktionen der Organischen Chemie*, Teubner-Verlag, Stuttgart, **1998**, S. 288.

33. Synthese von Isochromanchinonen

M. P. Winters, M. Stranberg und H. W. Moore, *J Org Chem.* **1994**, *59*, 7572.

Diskussion

- Formulieren Sie den Mechanismus der Bromierung bei der Synthese von Verbindung **2**.
- Schlagen Sie eine Struktur für das instabile Intermediat **6** vor.
- Formulieren Sie den Mechanismus für die thermische Umlagerung des Cyclobutenons **8** zum Isochromanhydrochinon **9**.

Weiterführende Literatur

- Neuere Forschungsergebnisse zur Reaktivität von Quadratsäureestern siehe: L. A. Paquette und T. Morwick, *J. Am Chem. Soc.* **1995**, *117*, 1451.
- Einen Übersichtsartikel zu Reaktionen von Quadratsäure und ihren Derivaten siehe: A. H. Schmidt, *Synthesis* **1980**, 961
- Eine aktuelle Anwendung der Umlagerung von 4-Allenylcyclobutanonen finden Sie bei: M. Taing und H. W. Moore, *J. Org Chem* **1996**, *61*, 329.

34. Synthese eines D-*chiro*-Inosit-1-phosphats

C. Jaramillo, J-L Chiara und M. Martín-Lomas *J. Org Chem*. **1994**, *59*, 3135.

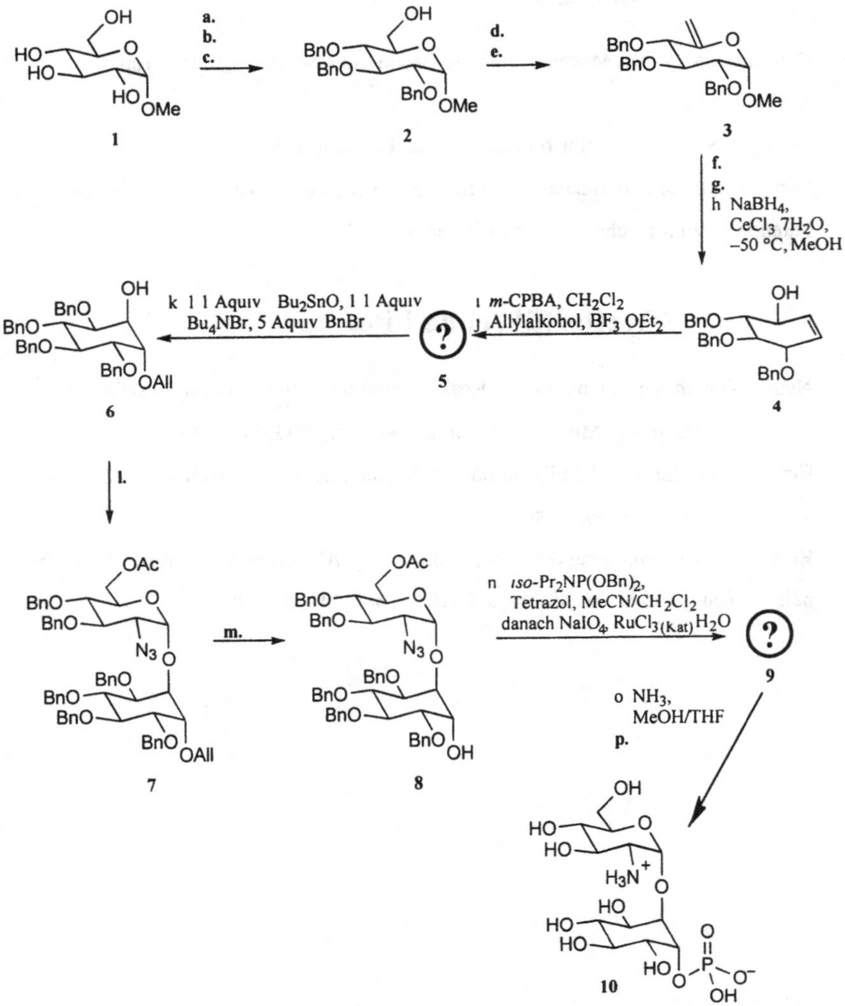
a.
b.
c.
d.
e.
f.
g.
h NaBH4, CeCl3 7H2O, –50 °C, MeOH
k 1 1 Aquiv Bu2SnO, 1 1 Aquiv Bu4NBr, 5 Aquiv BnBr
i m-CPBA, CH2Cl2
j Allylalkohol, BF3 OEt2
l.
m.
n iso-Pr2NP(OBn)2, Tetrazol, MeCN/CH2Cl2 danach NaIO4, RuCl3(Kat) H2O
o NH3, MeOH/THF
p.
1
2
3
4
5
6
7
8
9
10

Diskussion

- Formulieren Sie den Mechanismus für die Reaktionen, die sich hinter den Schritten **f** und **g** verbergen.

- Erklären Sie die Selektivitäten, die man in den Schritten **h**, **i** und **j** beobachtet.

- Diskutieren Sie die Regioselektivität der Benzylierungsreaktion in Schritt **k**.

35. Stereoselektive Synthese von (±)-Aromaticin

G. Majetich, J.-S. Song, A. J. Leigh und S. M. Condon, *J Org Chem* **1993**, *58*, 1030.

n.
o C$_6$H$_5$SeCl, HCl,
  AcOEt
p.

9

Übernommen und angepaßt mit Genehmigung von *J Org Chem* **1993**, *58*, 1030 ©1993 American Chemical Society.

Diskussion

- Formulieren Sie den Mechanismus für Reaktionsschritt **d**.

- Erklären Sie, warum in Schritt **e** zwei Äquivalente Lewissäure eingesetzt werden.

- Theoretisch kann die En-Reaktion in Schritt **f** zu einem Regioisomer von **6** führen. Schlagen Sie eine Struktur für dieses Isomer vor, und begründen Sie, warum dessen Bildung nicht beobachtet wird.

- Erläutern Sie die Stereoselektivität in den Schritten **h** und **j**.

- Begründen Sie, warum die Einführung der Phenylselengruppe in Schritt **o** säurekatalysiert durchgeführt werden muß.

Weiterführende Literatur

- Als Übersichtsartikel zum Einsatz von Silanen in der Naturstoffsynthese siehe: E. Langkopf und D. Schinzer, *Chem Rev* **1995**, *95*, 1375.

36. Synthese von 7-Methoxycyclopropamitosen

A. S. Cotterill, P. Hartopp, G. B. Jones, C. J. Moody, C. L. Norton, N. O'Sullivan und

E. Swann, *Tetrahedron* **1994**, *50*, 7657.

Übernommen und angepaßt mit Genehmigung von *Tetrahedron* **1994**, *50*, 7657 ©1994 Elsevier Science Ltd.

Diskussion

- Welche Basen sind für die Schritte **a** und **e** geeignet?

- Formulieren Sie den Mechanismus für die Bildung des Indolrings in Schritt **b**.

- In Schritt **b** erhält man neben der gewünschten Verbindung **3** mit einer Ausbeute von 10 - 15% den kristallinen Feststoff **10**. Die analytisch reine Probe zeigt die folgenden Daten: C, 69.5; H, 5.4; N, 4.4%; m/z M^+ = 311. Das Nujol-IR-Spektrum weist Schlüsselpeaks bei 1734 und 2234 cm^{-1} auf. Das Protonen-NMR-Spektrum zeigt neben den Signalen von acht Protonen zwischen δ = 7.50 und 6.99 ein 2-Protonen AB-System (J = 12.3 Hz) bei δ = 5.21 und zwei Singuletts (die jeweils drei Protonen entsprechen) bei δ = 3.92 und 3.68. Weiterhin beobachtet man ein Singulett bei δ = 5.04, dessen Integration ein Proton anzeigt. Schlagen Sie eine Struktur für Verbindung **10** vor, und formulieren Sie den dazugehörigen Mechanismus.

- Formulieren Sie den Mechanismus der Cyclopropanierung in Schritt **g**. Wie unterscheidet sich dieser Schritt hinsichtlich der Anzahl der notwendigen Basenäquivalente von der Shapiro-Reaktion?

37. Totalsynthese von (+)-γ-Lycoran

H. Yoshizaki, H. Satoh, Y. Sato, S. Nukui, M. Shibasaki und M. Mori, *J. Org. Chem.*
1995, *60*, 2016.

Diskussion

- Welche Struktur hat der in Reaktion **a** gebildete Palladiumkomplex? Was ist der Grund für die Enantioselektivität dieser Reaktion?

- Wenn man Natriumhydrid bei der Palladium-katalysierten Alkylierung (Schritt **a**) einsetzt, beobachtet man keine Enantioselektivität. Eine enantioselektive Reaktion tritt hingegen bei Einsatz einer Lithiumbase auf oder alternativ, wenn man Verbindung **2** in das silylierte Derivat **6** überführt. Schlagen Sie eine Erklärung für diesen Sachverhalt vor.

$$\text{Et}_3\text{SiO} \quad\quad \text{NCH}_2\text{Ar}$$
$$\text{MeO} \diagup\!\!\diagdown\!\!\diagup \text{OSiEt}_3$$

6

- Formulieren Sie den Mechanismus für Reaktionsschritt **d**.

Weiterführende Literatur

- Als Übersichtsartikel zur Selektivität in Palladium-katalysierten Allylsubstitutions-reaktionen siehe: C. G. Frost, J. Howarth und J. M. J. Williams, *Tetrahedron: Asymmetry* **1992**, *3*, 1089.

- Als Übersichtsartikel zur Heck-Reaktion siehe: W. Cabri und I. Candiani, *Acc Chem Res* **1995**, *28*, 2; K. Ritter, *Synthesis* **1993**, 735; T. Laue und A. Plagens, *Namen- und Schlagwort-Reaktionen der Organischen Chemie*, Teubner-Verlag, Stuttgart, **1998**, S. 172.

- Einen Übersichtsartikel zu enantioselektiven Reaktionen, die durch Organo-Übergangsmetallverbindungen katalysiert werden, finden Sie bei: S L. Blystone, *Chem Rev* **1989**, *89*, 1663.

38. Synthese von (±)-12a-Desoxytetracyclin

G. Stork, J. J. La Clair, P. Spargo, R. P. Nargund und N. Totah, *J. Am. Chem. Soc.* **1996**, *118*, 5304.

Übernommen und angepaßt mit Genehmigung von *J Am Chem Soc.* **1996**, *118*, 5304 ©1996 American Chemical Society

Diskussion

- Welche Absicht wird mit der Diels-Alder-Reaktion in Schritt **a** verfolgt?

- Erklären Sie die Selektivität bei der Addition des Gringnard-Reagenz in Reaktionsschritt **b**. Wie hängt diese von der Anzahl der eingesetzten Äquivalente Methylmagnesiumbromid ab?

- Formulieren Sie den Mechanismus für Schritt **e**.

- Was kontrolliert die Stereoselektivität der Addition des Isoxazolanions **9** an Verbindung **8**?

Weiterführende Literatur

- Als aktuellen Übersichtsartikel zu Fortschritten auf dem Gebiet der Tetracyclinantibiotika, siehe: V. J. Lee, *Expert Opin Ther Pat.* **1995**, *5*, 787.

- Einen Übersichtsartikel zur Resistenzbildung von Bakterien gegenüber Tetracyclinen finden Sie bei: D. E. Taylor und A. Chau, *Antimicrob Agents Chemother* **1996**, *40*, 1.

39. Enantioselektive Totalsynthese von (–)-7-Deacetoxyalcyoninacetat

D. W. C. MacMillan und L. E. Overman, *J. Am. Chem. Soc.* **1995** *117*, 10391.

Übernommen und angepaßt mit Genehmigung von *J Am Chem Soc* **1995**, *117*, 10391 ©1995
American Chemical Society

Diskussion

- Schlagen Sie eine Struktur für **4** und eine mögliche Synthese für diese Verbindung,
  ausgehend von **14**, vor.

14

- Erklären Sie die in Reaktionsschritt **e** beobachtete Stereoselektivität.
- Schlagen Sie einen Mechanismus für die Bildung von Verbindung **7** vor.
- Welches Weinsäurediethylesterenantiomer ist notwendig, um bei der Sharpless-Epoxidierung Verbindung **9** zu erhalten?
- Erklären Sie die bei der Reduktion des Epoxids in Schritt **k** beobachtete Regioselektivität.

Weiterführende Literatur

- Eine andere Anwendung der Prins-Pinakol-Umlagerung finden Sie bei: G. C. Hirst, T. O. Johnson und L. E. Overman, *J Am Chem Soc* **1993**, *115*, 2992.
- Einen neueren Übersichtsartikel zur Sharpless-Epoxidierung finden Sie bei. A. D. Gupta, D. Bhuniya und V. K. Singh, *J. Indian Inst Sci* **1994**, *74*, 71; T. Laue und A. Plagens, *Namen- und Schlagwort-Reaktionen der Organischen Chemie*, Teubner-Verlag, Stuttgart, **1998**, S 288
- Als Übersichtsartikel zur Nozaki-Hiyama-Reaktion siehe· P. Cintas, *Synthesis* **1992**, 248.
- Als Übersichtsartikel zum Einsatz von TPAP (Tetra-n-propylammoniumperruthenat) als katalytisches Oxidationsmittel siehe: S. V. Ley, J. Norman, W. P. Griffith und S. P. Marsden, *Synthesis* **1994**, 639.

40. Totalsynthese von (+)-Tetrahydrocerulenin

M. Miller und L. S. Hegedus, *J. Org. Chem* **1993**, *58*, 6779.

Übernommen und angepaßt mit Genehmigung von *J Org Chem* **1993**, *58*, 6779 ©1993 American Chemical Society.

Diskussion

- Formulieren Sie den Mechanismus für Reaktionsschritt **c**.

- Begründen Sie die in Schritt **c** beobachtete Diastereoselektivität.

- Schlagen Sie eine Synthese für die enantiomerenreine Verbindung **3** vor.

- Formulieren Sie den Mechanismus der Baeyer-Villiger-Oxidation.

Weiterführende Literatur

- Artikel zum Einsatz von Chromcarben-Komplexen siehe: L. S. Hegedus, *Acc Chem Res* **1995**, *28*, 299; M. A. Schwindt, J. R. Miller und L. S. Hegedus, *J. Organomet. Chem* **1991**, *413*, 143; L. S. Hegedus, *Pure Appl Chem* **1990**, *62*, 691.

- Als Übersichtsartikel zur Baeyer-Villiger-Oxidation siehe. G. R. Krow, *Org React* **1993**, *43*, 251; T. Laue und A. Plagens, *Namen- und Schlagwort-Reaktionen der Organischen Chemie*, Teubner-Verlag, Stuttgart, **1998**, S. 24. Eine enzymkatalysierte Modifikation dieser Reaktion finden Sie bei: S. M. Roberts und A J. Willetts, *Chirality* **1993**, *5*, 334; M. C. Pirrung und R. S. Wilhelm, *Chemtracts Org Chem.* **1989**, *2*, 29; C. T. Walsh und Y. C. J. Chen, *Angew Chem* **1988**, *100*, 342; *Angew Chem* Int. Ed. Engl. **1988**, *27*, 333.

- Eine Anwendung von Fluoridionen als Base in der Zuckerchemie finden Sie bei: F. Santoyo-Gonzalez und F. Fernando-Mateo, *Synlett* **1990**, 715.

41. Totalsynthese von (+)-Longifolen

B. Lei und A. G. Fallis, *J. Org. Chem.* **1993**, *58*, 2186.

Diskussion

- Erlären Sie die in Reaktionsschritt **f** beobachtete Selektivität und begründen Sie den Einsatz von Cadmiumchlorid in der Kondensationsreaktion.

- Welches der Cyclopentadienyl-Regioisomere **6 a–c** führt zu Verbindung **7**? Schlagen Sie Strukturen für die anderen möglichen Diels-Alder-Produkte vor.

Weiterführende Literatur

- Als Übersichtsartikel zum Erhitzen mit Mikrowellen siehe: G. Bond, R. B. Moyes und D. A. Whan, *Cat. Today* **1993**, *17*, 427.

- Eine Untersuchung zum Einfluß der Kettenlänge bei intramolekularen Diels-Alder-Reaktionen finden Sie bei: J. R. Stille und R. H. Grubbs, *J Org. Chem.* **1989**, *54*, 434.

42. Studien zur Totalsynthese von Cerorubensäure-III

L. A. Paquette und M.-A. Poupart, *J. Org. Chem.* **1993**, *58*, 4245.

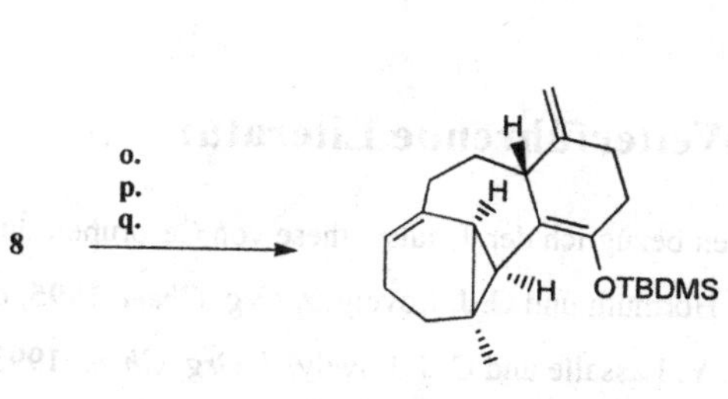

8 →
o.
p.
q.

9

(8 : 2 Epimerenverhältnis)

Übernommen und angepaßt mit Genehmigung von *J. Org. Chem.* **1993**, *58*, 4245 ©1993 American Chemical Society

Diskussion

- Welche Funktion besitzt FeCl₃ in Schritt **d**?

- Begründen Sie die beobachtete hohe Stereoselektivität der nucleophilen Additionen an das Cyclopropansystem (z.B. in Schritt **f**)

- Wenn man die Reaktionssequenz aus Wittig- und Grignard-Reaktion in umgekehrter Reihenfolge durchführt, erhält man Verbindung **10**. Wie läßt sich diese Beobachtung erklären?

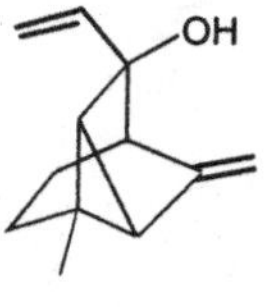

10

- Erklären Sie die beobachtete Stereo- und Regioselektivität der Diels-Alder-Reaktion in Schritt **n**.

Weiterführende Literatur

- Zu weiteren Studien bezüglich der Totalsynthese von Cerorubensäure-III siehe:
  L. A. Paquette, S. Hormuth und C. J. Lovely, *J. Org. Chem* **1995**, *60*, 4813;
  L. A. Paquette, G. Y. Lassalle und C. J. Lovely, *J Org Chem* **1993**, *58*, 4254;
  L. A. Paquette, D. N. Deaton, Y. Endo und M.-A. Poupart, *J. Org. Chem* **1993**, *58*, 4262.

- Als Übersichtsartikel zu sigmatropen Umlagerungen, die durch Anionen begünstigt werden, siehe: S. R. Wilson, *Org React* **1993**, *43*, 93.

- Als Übersichtsartikel zur Oxy-Cope-Umlagerung siehe: K. Durairaj, *Curr Sci.* **1994**, *66*, 917; L. A. Paquette, *Synlett* **1990**, 67.

- Als weitere Anwendung einer oxidativen Kupplung eines Dianions in der Synthese von Naturstoffen siehe: J. L. Belletire und D. F. Fry, *J. Org. Chem.* **1988**, *53*, 4724.

- Als Übersichtsartikel zur Diels-Alder-Reaktionen siehe: T. Laue und A. Plagens, *Namen- und Schlagwort-Reaktionen der Organischen Chemie*, Teubner-Verlag, Stuttgart, **1998**, S. 96.

- Als Übersichtsartikel zur Steigerung der Geschwindigkeit und Selektivität in Diels-Alder-Reaktionen siehe: U. Pindur, G. Lutz und C. Ott, *Chem Rev* **1993**, *93*, 741.

43. Totalsynthese von 10-Decarboxychinocarcin

T. Katoh, M. Kirihara, Y. Nagata, Y. Kobayashi, K. Arai, J. Minami und S. Terashima,

Tetrahedron **1994**, *50*, 6239.

Übernommen und angepaßt mit Genehmigung von *Tetrahedron* **1994**, *50*, 6239 ©1994 Elsevier Science Ltd.

Diskussion

- Schlagen Sie eine geeignete Base für die Alkylierung des 2-Formylpyrrolidins **5** vor.
- Was wird, wenn man eine umfassende Synthesestrategie voraussetzt, der Hauptgrund für den Einsatz des D-Threose-Derivats **2** sein?
- Versuche, Reaktionsschritt **e** mit einer Benzyl-Schutzgruppe, wie sie anfänglich im chiralen Auxiliar **2** enthalten ist, durchzuführen, führen nicht zu dem gewünschten Produkt. Geben Sie eine mögliche Erklärung für diese Beobachtung.
- Schlagen Sie einen Mechanismus für die Cyclisierung in Schritt **g** vor. Geben Sie zwei weitere Methoden zur Synthese von Isochinolinsystemen an.

- Die Reduktion des Isochinolkerns von Verbindung **7** erfolgt hochgradig sterisch kontrolliert. Welche Faktoren können für diese Selektivität verantwortlich sein?
- Nach welchem Mechanismus verläuft die Entfernung der Troc-Schutzgruppe (2,2,2-Trichlorethoxycarbonyl)?
- Die Cyclisierung von Alkohol **10** führt zu einem einzigen Halbaminal (α-Amino-alkohol) **11**. Schlagen Sie eine Erklärung für die beim Produkt beobachtete Stereochemie vor.
- Die Umwandlung des Halbaminals **11** in das Nitril **12** erfolgt unter Retention der Konfiguration. Schlagen Sie einen Mechanismus vor, der diese Beobachtung erklärt.

Weiterführende Literatur

- Als Übersichtsartikel zur Kontrolle von Metallierungsreaktionen durch dirigierende Gruppen siehe: V. Snieckus, *Pure Appl Chem.* **1990**, *62*, 2047.
- Zur Synthese des verwandten (±)-Chinocarcinamids siehe: M. E. Flanagan und R. M. Williams, *J Org Chem* **1995**, *60*, 6791.

44. Totalsynthese von (+)-Pyripyropen A

T. Nagamitsu, T. Sunazuka, R. Obata, H. Tomoda, H. Tanaka, Y. Harigaya, S. Omura
und A. B. Smith III, *J Org. Chem* **1995**, *60*, 8126.

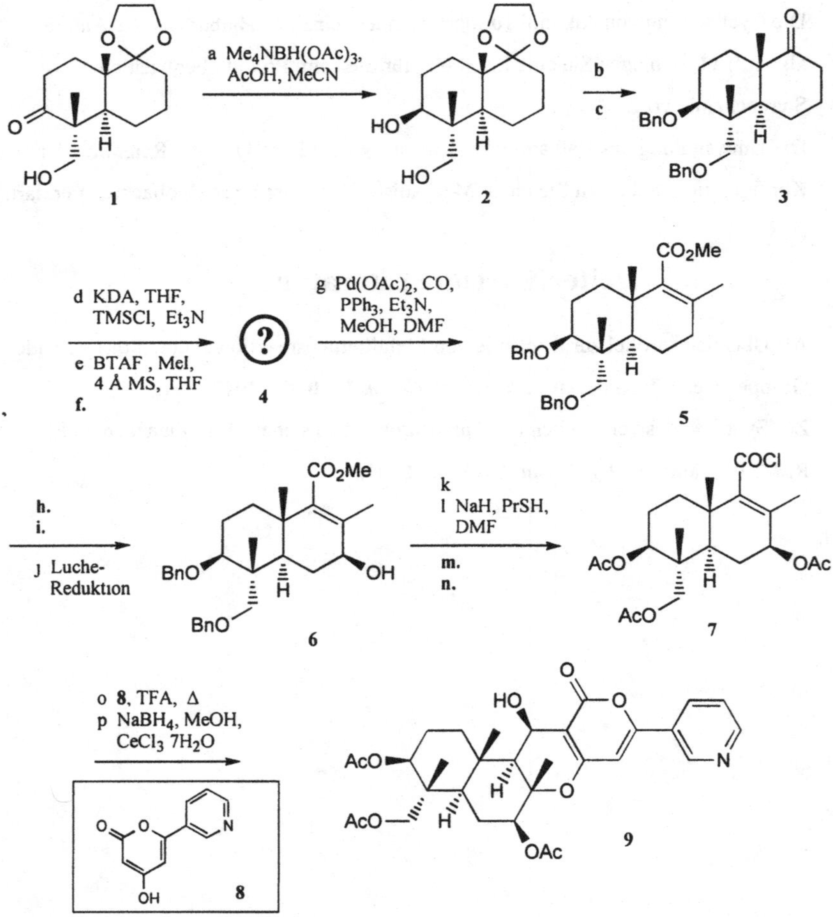

a Me$_4$NBH(OAc)$_3$, AcOH, MeCN

b
c

d KDA, THF, TMSCl, Et$_3$N
e BTAF, MeI, 4 Å MS, THF
f.

g Pd(OAc)$_2$, CO, PPh$_3$, Et$_3$N, MeOH, DMF

h.
i.
j Luche-Reduktion

k
l NaH, PrSH, DMF
m.
n.

o **8**, TFA, Δ
p NaBH$_4$, MeOH, CeCl$_3$ 7H$_2$O

Ubernommen und angepaßt mit Genehmigung von *J Org Chem* **1995**, *60*, 8126 ©1995 American Chemical Society.

Diskussion

- Erklären Sie die in den Schritten **a** und **p** beobachtete Stereoselektivität.
- Begründen Sie den Einsatz der Kuwajima-Methylierung in den Schritten **d** und **e**.
- Welche Aufgabe erfüllt das Natriumthiolat in Schritt **l**?
- Beschreiben Sie den Mechanismus für Reaktionsschritt **o**.

Weiterführende Literatur

- Zur Biosynthese von Pyripyropen A siehe: H. Tomoda, N. Tabata, Y. Nakata, H. Nishida, T. Kaneko, R. Obata, T. Sunazuka und S. Omura, *J Org Chem.* **1996**, *61*, 882.
- Als Übersichtsartikel zum Einsatz von Enol-Triflaten in Olefinsynthesen siehe: W. J. Scott und J. E. McMurry, *Acc Chem Res.* **1988**, *21*, 47.
- Zur Acylierungsreaktion von 4-Hydroxy-2-pyron siehe: E. Marcus, J. F. Stephen und J. K. Chan, *J. Heterocycl. Chem.* **1969**, *6*, 13.

98

45. Totalsynthese von *d,l*-Isospongiadiol

P. A. Zoretic, M. Wang, Y. Zhang und Z. Shen, *J Org Chem* **1996**, *61*, 1806.

Übernommen und angepaßt mit Genehmigung von *J Org Chem* **1996**, *61*, 1806 ©1996 American Chemical Society.

Diskussion

- Welche Art von NOE erwarten Sie als Bestätigung der relativen *trans*-Stereochemie an der Ringverknüpfung in Verbindung **5**?

- Schlagen Sie einen Mechanismus für die Bildung des Furanrings bei der Säurebehandlung des Epoxyaldehyd-Derivats **7** vor.

- Formuliern Sie den Mechanismus der Rubottom-Oxidation.

Weiterführende Literatur

- Als Übersichtsartikel zum Einsatz von Mangan(III) in oxidativen, radikalischen Cyclisierungsreaktionen siehe: B. M. Snider, *Chem. Rev* **1996**, *96*, 339.

46. Totalsynthese des Stemonaalkaloids (–)-Stenin

P. Wipf, Y. Kim und D. M. Goldstein, *J Am Chem Soc* **1995**, *117*, 11106.

8 →

o I₂, pH 5 5
p AllylSnBu₃
AIBN

9

Übernommen und angepaßt mit Genehmigung von *J Am Chem Soc* **1995**, *117*, 11106 ©1995 American Chemical Society

Diskussion

- Diskutieren Sie die Diastereoselektivität bei der Bildung von Verbindung **2**.

- In Abwesenheit von Base führt Reaktion **d** zu einer bedeutenden Menge der Verbindungen **10** und **11**. Erklären Sie diesen Sachverhalt und die bei Bildung von Verbindung **4** beobachtete Stereoselektivität.

10

11

Weiterführende Literatur

- Verwandte oxidative Transformationen von Tyrosin-Derivaten finden Sie bei: P. Wipf und Y. Kim, *J. Org. Chem* **1993**, *58*, 1649.

- Eine ähnliche Methode für den letzten Reaktionsschritt zum Zielmolekül finden Sie bei: C.-Y. Chen und D. J. Hart, *J Org Chem.* **1993**, *58*, 3840.

47. Totalsynthese von (–)-Papuamin

T. S. McDermott, A. A. Mortlock und C. H. Heathcock, *J. Org. Chem* **1996**, *61*, 700.

(3 4 1 Mischung mit dem symmetrischen
Diamin als Hauptkomponente)

Übernommen und angepaßt mit Genehmigung von *J. Org. Chem* **1996**, *61*, 700 ©1996 American Chemical Society.

Diskussion

- Schlagen Sie eine Synthese für die Ausgangsverbindung **1** vor.
- Welche Aufgabe besitzt das 2-Aminoethanol bei der Aufarbeitung in Schritt **k**?
- Formulieren Sie den Mechanismus für Schritt **n**.
- Es erfolgt keine Kupplungsreaktion, wenn man Schritt **q** in Abwesenheit von CuI durchführt. Erklären Sie diese Beobachtung.

Weiterführende Literatur

- Zu einer verwandten Methode der Totalsynthese von (+)-Papuamin siehe: A. G. M. Barrett, M. L. Boys und T. L. Boehm, *J. Org. Chem.* **1996**, *61*, 685.
- Als Übersichtsartikel zu Palladium-katalysierten Reaktionen von Organo-Zinn-Verbindungen siehe: T. N. Mitchell, *Synthesis* **1992**, 803.

48. Totalsynthese von (+)-Stoechospermol

M. Tanaka, K. Tomioka und K. Koga, *Tetrahedron* **1994**, *50*, 12829.

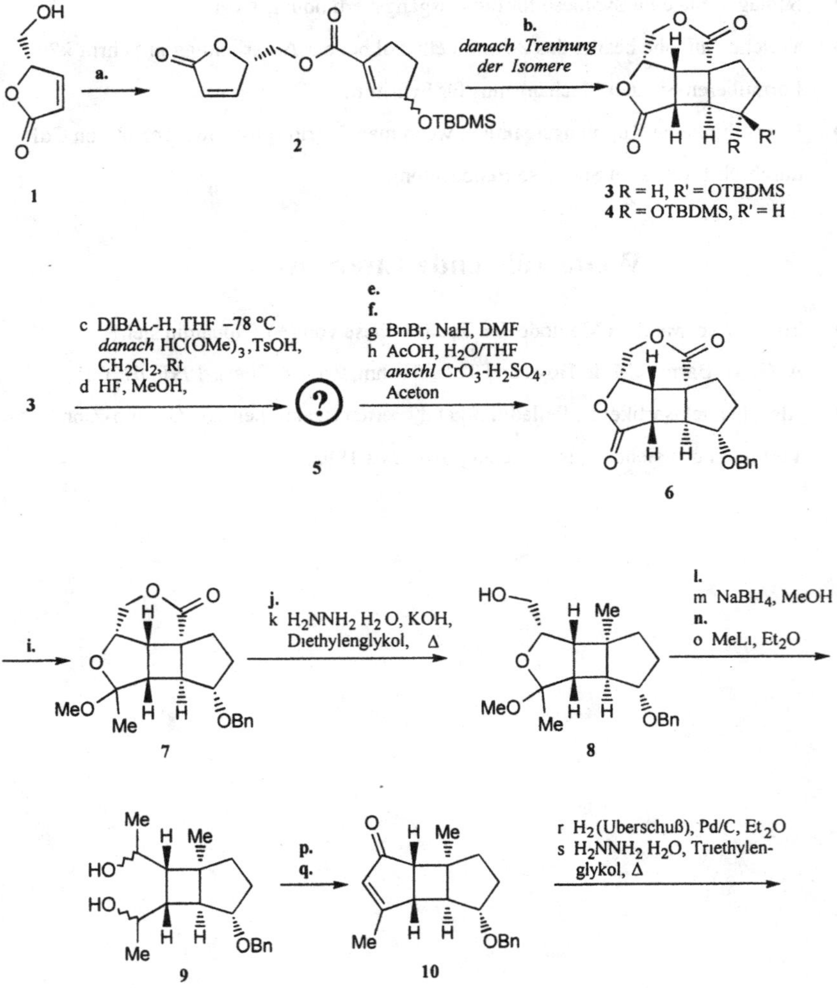
1
a.
2
OTBDMS
b.
danach Trennung der Isomere
3 R = H, R' = OTBDMS
4 R = OTBDMS, R' = H
3
c DIBAL-H, THF –78 °C danach HC(OMe)3,TsOH, CH2Cl2, Rt
d HF, MeOH,
?
5
e.
f.
g BnBr, NaH, DMF
h AcOH, H2O/THF anschl CrO3-H2SO4, Aceton
OBn
6
i.
MeO
Me
7
j.
k H2NNH2 H2O, KOH, Diethylenglykol, Δ
HO
8
l.
m NaBH4, MeOH
n.
o MeLi, Et2O
9
p.
q.
10
r H2(Uberschuß), Pd/C, Et2O
s H2NNH2 H2O, Triethylenglykol, Δ

Übernommen und angepaßt mit Genehmigung von *Tetrahedron* **1994**, *50*, 12829 ©1994 Elsevier Science Ltd.

Diskussion

- Formulieren Sie den Mechanismus für Schritt **b**. Berücksichtigen Sie dabei die Tatsache, daß eine 1:1-Diastereomerenmischung von Verbindung **2** nährungsweise zu einer 1:1-Mischung der Isomere **3** und **4** führt. Erklären Sie die Stereoselektivität der Reaktion und die Bildung der vier neuen Chiralitätszentren.

- Schlagen Sie eine Reaktionssequenz vor, die es erlaubt, das Dilacton-Isomer **4** in Verbindung **7** zu überführen.

- Formulieren Sie den Mechanismus für die Reduktion mit Hydrazinhydrat in den Schritten **k** und **s**.

- In Schritt **w** wird DIBAL-H benutzt, um ein α,β-ungesättigtes Keton zu einem Allylalkohol zu reduzieren. Welches Reagenz wird gewöhnlich für diese Umwandlung verwendet? Erklären Sie die Stereoselektivität bei diesem Reaktionsschritt.

- Warum ist das α-Epoxid das hauptsächlich gebildete Isomer bei der Epoxidierung von Verbindung **14**?

- In Schritt **e′** wird ein Tosylatrest erfolgreich mit Inversion der Konfiguration durch ein Malonat-Nucleophil ersetzt. Welche Nebenreaktion erwarten Sie bei der Behandlung von sekundären Tosylaten mit stärker basischen Nucleophilen?

- Schlagen Sie einen Mechanismus für den Reduktionsschritt **f′** vor.

Weiterführende Literatur

- Eine Methode zur Synthese des racemischen Stoechospermols finden Sie bei:

  M. Miesch, A. Cotte und M. Franck-Neumann, *Tetrahedron Lett* **1994**, *35*, 7031.

49. Synthese der C8–C19 Untereinheit von Rapamycin

J. D. White und S. C. Jeffrey, *J Org Chem.* **1996**, *61*, 2600.

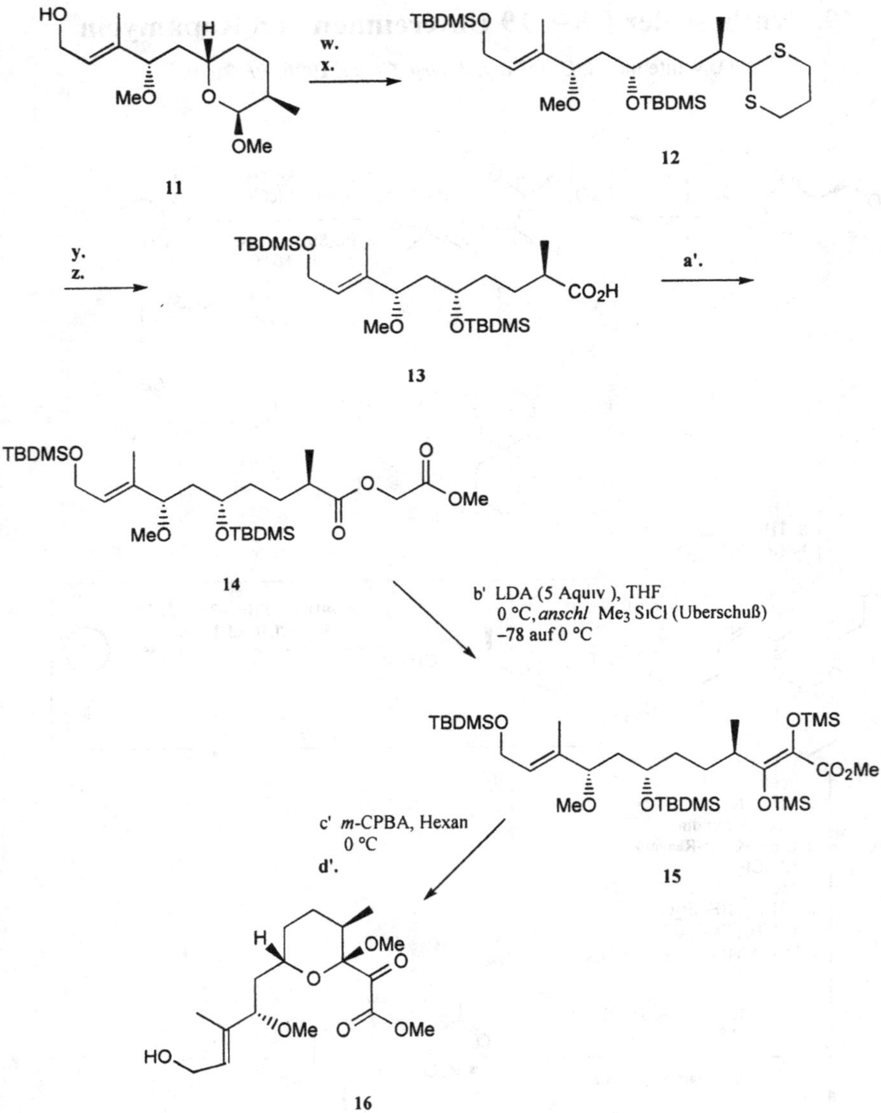
HO
H
MeO
O
OMe
11
w.
x.
TBDMSO
MeO
OTBDMS
S
S
12
y.
z.
TBDMSO
MeO
OTBDMS
CO2H
13
a'.
TBDMSO
MeO
OTBDMS
O
O
O
OMe
14
b' LDA (5 Äquiv.), THF
0 °C, anschl. Me3SiCl (Überschuß)
–78 auf 0 °C
TBDMSO
MeO
OTBDMS
OTMS
CO2Me
OTMS
15
c' m-CPBA, Hexan
0 °C
d'.
H
OMe
O
O
OMe
O
OMe
HO
16

Diskussion

- Erklären Sie die in der Wittig-Reaktion (Schritt **j**) beobachtete Selektivität und begründen Sie, warum es notwendig ist, die Hydroxygruppe in Verbindung **8** zu schützen.

- Welche Aufgabe erhüllt das Bortrifluoretherat in Schritt **p**?

- Erklären Sie, warum in Schritt **s** Certrichlorid eingesetzt wird.

- Formulieren Sie den Mechanismus für die Chan-Umlagerung in Schritt **b′**.

- Welches Intermediat wird vermutlich bei der durch *m*-CPBA herbeigeführten Umlagerung in Schritt **c′** gebildet?

Weiterführende Literatur

- Zu Untersuchungen von 1,2-anionischen Umlagerungen in der Gasphase siehe: P. C. H. Eichinger, R. N. Hayes und J. H. Bowie, *J. Am. Chem. Soc.* **1991**, *113*, 1949.

- Als Übersichtsartikel zur Stereochemie und zum Mechanismus der Wittig-Reaktion siehe: E. Vedejs und M. J. Peterson, *Topics in Stereochemistry* **1994**, *21*, 1; T. Laue und A. Plagens, *Namen- und Schlagwort-Reaktionen der Organischen Chemie*, Teubner-Verlag, Stuttgart, **1998**, S. 328.

- Zu Untersuchungen zum Dess-Martin-Reagenz siehe: D. B. Dess und J. C. Martin, *J. Am. Chem. Soc.* **1991**, *113*, 7277; S. D. Meyer und S. L. Schreiber, *J. Org. Chem.* **1994**, *59*, 7549.

- Weitere Literaturstellen zur Rubottom-Oxidation finden Sie bei: J. Jauch, *Tetrahedron*, **1994**, *50*, 1203; R. Gleiter, M. Staib und U. Ackermann, *Liebigs Ann.* **1995**, 1655.

- Untersuchungen zur Anwesenheit von Wasser im $CeCl_3$/RLi-System finden Sie bei: W. J. Evans, J. D. Feldman und J. W. Ziller, *J. Am. Chem. Soc.* **1996**, *118*, 4581.

50. Synthese des AB-Rings von Ciguatoxin

H. Oguri, S. Hishiyama, T. Oishi und M. Hirama, *Synlett* **1995**, 1252.

z *p*-BrBzCl, Et₃N,
DMAP, CH₂Cl₂

⟶

a'.
b'.
Diastereomeren-
trennung

p-BrBzO

O*p*-BrBz

O*p*-BrBz

11a, b

Übernommen und angepaßt mit Genehmigung von *Synlett* **1995**, 1252 ©1995 Georg Thieme Verlag

Diskussion

- Während der Reaktionssequenz in den Schritten **d–e** wird ein neues Chiralitäts-zentrum eingeführt. Welcher der Schritte ist für die beobachtete Stereoselektivität verantwortlich?

- In Schritt **j** gelingt es, selektiv eine Hydroxygruppe zu schützen. Begründen Sie diese Selektivität.

- Nennen Sie Gründe für die in Schritt **q** beobachtete Stereoselektivitat bei der Yamamoto-Cyclisierung.

- Erklären Sie die Regioselektivität der durch DBU katalysierten Eliminierung in Schritt **u**.

- Die bei der Dess-Martin-Oxidation **w** gebildete Verbindung ist instabil und muß ohne weitere Reinigung umgesetzt werden. Schlagen Sie eine Struktur für die gebildete, stabilere Verbindung vor, die bei Lagerung von **9** entsteht.

- Welche Analysemethode ist geeignet, um die absolute Konfiguration von **11 a, b** zu bestimmen?

Weiterführende Literatur

- Als Übersichtsartikel zu chemischen Reaktionen unter dem Einfluß von Ultraschall siehe: C. Einhorn, J. Einhorn und J.-L. Luche, *Synthesis* **1989**, 787; J. L. Luche und C. Einhorn, *Janssen Chim. Acta* **1990**, *8*, 8.

- Weitere Literaturstellen zur Reaktion von Allylstannanen mit Aldehyden finden Sie bei: H. Nakamura, N. Asao und Y. Yamamoto, *J Chem Soc., Chem Commun* **1995**, *12*, 1273; J. Fujiwara, M. Watanabe und T. Sato, *J. Chem Soc., Chem Commun.* **1994**, *3*, 349; V. Gevorgyan, I. Kadota und Y. Yamamoto, *Tetrahedron Lett* **1993**, *34*, 1313.

- Spektroskopische Studien zu dieser Reaktion finden Sie bei: S. E. Denmark, E. J. Weber, T. M. Wilson und T. M. Willson, *Tetrahedron* **1989**, *45*, 1053; G. E. Keck, M. B. Andrus und S. Castellino, *J. Am Chem Soc.* **1989**, *111*, 8136.

- Einige Übersichtsartikel zum Circulardichroismus finden Sie bei: R. W. Woody, *Methods Enzymol.* **1995**, *246*, 34; L. A. Nafie, *J Mol. Struct.* **1995**, *347*, 83.

- Weitere Literaturzitate zur Hydrosilylierung finden Sie bei: M. Onaka, K. Higuchi, H. Nanami und Y. Izumi, *Bull Chem Soc Jpn* **1993**, *66*, 2638; M. Fujita und T. Hiyama, *J. Org Chem.* **1988**, *53*, 5405; Y. Nagai, *Org Prep Proced. Int* **1980**, *12*, 13.

51. Totalsynthese von (+)-Carbonolid B

G. E. Keck, A. Palani und S. F. McHardy, *J Org Chem* **1994**, *59*, 3113.

Übernommen und angepaßt mit Genehmigung von *J Org Chem* **1994**, *59*, 3113 ©1994 American Chemical Society.

Diskussion

- Die Aufarbeitung bei Schritt **b** beinhaltet das Waschen mit einer gesättigten Lösung Rochellesalz (Kaliumnatriumtartrat). Welche Absicht verfolgt man damit?

- Machen Sie einen Strukturvorschlag für Verbindung **5**.

- Diskutieren Sie die Stereochemie des nucleophilen Angriffs an Verbindung **4** in Schritt **e**. Welche Bedeutung besitzt das Magnesiumbromidetherat für die Kontrolle der Stereochemie?

- Formulieren Sie eine kurze Synthese für den Alkohol, der für die Veresterung von Verbindung **10** eingesetzt wird. Sie sollten dabei von kommerziell erhältlichem (*R*)-Ethyl-β-hydroxybutyrat ausgehen.

Weiterführende Literatur

- Als Übersichtsartikel zur Bildung von Makrocyclen siehe: Q. C. Meng und M. Hesse, *Top. Curr Chem* **1991**, *161*, 107.

- Als Übersichtsartikel zum Einsatz von Tetrapropylammoniumperruthenat (TPAP) siehe: S. V. Ley, J. Norman, W. P. Griffith und S. P. Marsden, *Synthesis* **1994**, 639.

- Der Gebrauch von Ultraschall zur Beschleunigung der Hydroborierung von Doppelbindungen wurde kürzlich beschrieben von H. Oguri, S. Hishiyama, T. Oishi und M. Hirama, *Synlett* **1994**, 1252.

- Einen allgemeineren Übersichtsartikel zum Einsatz von Ultraschall in der Synthese finden Sie bei: C. Einhorn, J. Einhorn und J.-L. Luche, *Synthesis* **1989**, 787.

52. Studien zum Kohlenstoffgerüst von Asteriscanolid

K. I. Booker-Milburn und J. K. Cowell, *Tetrahedron Lett.* **1996**, *37*, 2177.

Übernommen und angepaßt mit Genehmigung von *Tetrahedron Lett.* **1996**, *37*, 2177 ©1996 Elsevier Science Ltd

Diskussion

- Formulieren Sie den Mechanismus für die Photolyse in Schritt **c**. Wodurch wird die relative Stereochemie von Verbindung **4** festgelegt?

- Formulieren Sie einen Mechanismus für die Umlagerungssequenz, die zu den epimeren Cyclooctanonen **8** und **9** führt.

- Der Versuch, die Carbonsäure **4** unter denselben Bedingungen wie in Schritt **e** zu oxidieren, führt zur Bildung des Lactons **10**. Erläutern Sie die Bildung dieses Produkts, wobei Sie sich den Mechanismus derartiger Oxidationen vor Augen führen sollten.

10

Weiterführende Literatur

- Eine vergleichbare photolytische Vorgehensweise finden Sie bei der Synthese von (+)-Stoechospermol: M. Tanaka, K. Tomioka und K. Koga, *Tetrahedron* **1994**, *50*, 12829 (Übung 48).

53. Totalsynthese von (+)-Dolabellatrienon

E. J. Corey und R. S. Kania, *J Am Chem Soc.* **1996**, *118*, 1229.

n Dess-Martin-
  Reagenz
o NaClO$_2$, Puffer,
  2-Methyl-2-buten

11   p.   **12**
            q.

Übernommen und angepaßt mit Genehmigung von *J Am Chem Soc* **1996**, *118*, 1229 ©1996
American Chemical Society

Diskussion

- Formulieren Sie ausgehend von (*E,E*)-Farnesol eine Synthese für das Chlorid **1**.

- Nach welchem Mechanismus erfolgt die Umsetzung in Schritt i? Erläutern Sie die
  Stereochemie des Produkts ausgehend von der Stereochemie des Edukts **6** und der
  Intermediate, die bei dieser Reaktion gebildet wurden.

- Welche Symmetrie weist Katalysator **7** auf?

- Welche Reagenzien werden gewöhnlich eingesetzt, um die Reaktion des Olefins **9**
  zu Verbindung **10** herbeizuführen?

54. Synthese von 3β-Acetoxydrimenin

H. J. Swarts, A. A. Verstegen-Haaksma, B. J. M. Jansen und A. de Groot, *Tetrahedron* **1994**, *50*, 10083.

Übernommen und angepaßt mit Genehmigung von *Tetrahedron* **1994**, *50*, 10083 ©1994 Elsevier Science Ltd

Diskussion

- Was kontrolliert die Stereoselektivität der 1,4-Addition in Schritt **a**?
- Formulieren Sie einen Mechanismus für die Umlagerung in Schritt **e**.
- Schlagen Sie einen Mechanismus für die "nicht-basische" Formylierungsreaktion in Schritt **j** vor.
- Schlagen Sie eine Struktur für das in Schritt **n** aufgrund der Basizität von DMAP gebildete Nebenprodukt vor.

Weiterführende Literatur

- Zur Anwendung der Criegee-Umlagerung bei der Synthese von Enolethern siehe: R. M. Goodman und Y. Kishi, *J Org Chem* **1994**, *59*, 5125.

55. Totalsynthese von (+)-Adrenosteron

C. D. Dzierba, K. S. Zandi, T. Möllers und K. J. Shea,

J. Am. Chem. Soc. **1996**, *118*, 4711.

6 : 7 (3 : 2)

Übernommen und angepaßt mit Genehmigung von *J Am Chem Soc* **1996**, *118*, 4711 ©1996 American Chemical Society

Diskussion

- Wenn anstelle von (–)-Hydroxybenzoin (Schritt **e**) Ethylenglykol beim Aufbau der Silicium-verknüpften Kette eingesetzt wird, läuft die intramolekulare Diels-Alder-Reaktion in Schritt **h** mit inverser Diastereoselektivität ab. Dadurch verändert sich bei den Verbindungen **6** und **7** das Verhältnis zu 1:10. Geben Sie eine Erklärung für diese Beobachtung.

Weiterführende Literatur

- Eine Übersicht über Silicium-verknüpfte Reaktionspartner finden Sie bei: M. Bols und T. Skrydstrup, *Chem Rev* **1995**, *95*, 1253.

56. Totalsynthese von Stenin

C.-Y. Chen und D. J. Hart, *J. Org. Chem.* **1993**, *58*, 3840.

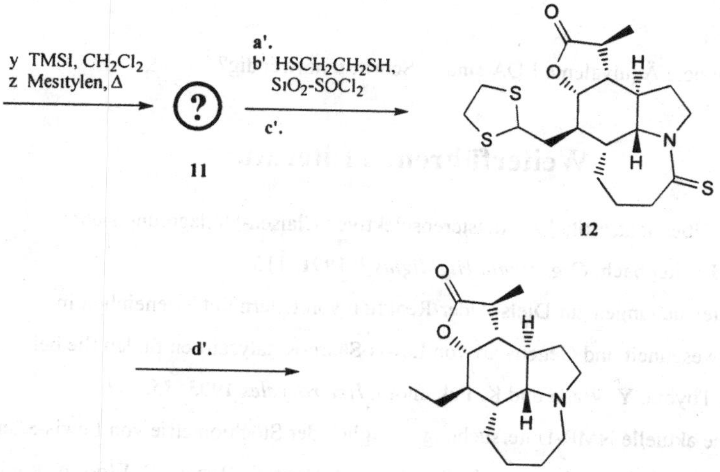

11

12

13

Übernommen und angepaßt mit Genehmigung von *J Org Chem* **1993**, *58*, 3840 ©1993 American Chemical Society

Diskussion

- Schlagen Sie eine Struktur für das andere mögliche Diastereomer vor, das bei der intramolekularen Diels-Alder-Reaktion entstehen kann.

- Formulieren Sie den Mechanismus für die Hofmann-artige Umlagerung in Schritt **f**.

- Eine beträchtliche Menge der Verbindung **14** wird gebildet, wenn die Claisen-Umlagerung ohne selektiven Schutz der in Schritt **p** gebildeten primären Hydroxylgruppe durchgeführt wird. Erklären Sie die Bildung von Verbindung **14**.

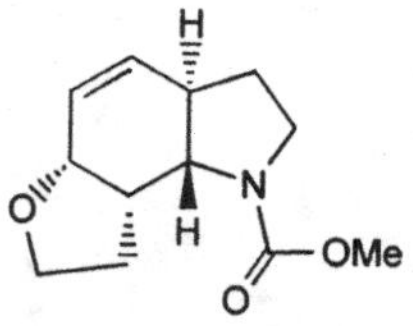

14

• Wieviele Äquivalente LDA sind in Schritt **u** notwendig?

Weiterführende Literatur

• Als Übersichtsartikel zur diastereoselektiven Claisen-Umlagerung siehe:

H. J. Altenbach, *Org. Synth. Highlights I,* **1991**, 115.

• Untersuchungen zur Diels-Alder-Reaktion von Estern mit Trieneinheit in
Abwesenheit und Gegenwart von Lewis-Säure-Katalysatoren finden Sie bei:

M. Toyota, Y. Wada und K. Fukumoto, *Heterocycles* **1993**, *35*, 111.

• Eine aktuelle NMR-Untersuchung bezüglich der Stöchiometrie von Lewis-Säuren in
Diels-Alder-Reaktionen finden Sie bei: I. R. Hunt, C. Rogers, S. Woo, A. Rauk und
B. A. Keay, *J Am. Chem Soc* **1995**, *117*, 1049; I. A. Hunt, A. Rauk und
B. A. Keay, *J Org Chem* **1996**, *61*, 751.

• Einen aktuellen Artikel zu Iodolactonisierung, die zu 7- bis 12-gliedrigen
Lactonringen führt, finden Sie bei: B Simonot und G. Rousseau, *J Org Chem.*
1994, *59*, 5912.

57. Totalsynthese von (–)-Suaveolin

X. Fu und J. M. Cook, *J. Org. Chem.* **1993**, *58*, 661.

Diskussion

- Formulieren Sie den Mechanismus für Schritt **d**?

- Welches der Produkte **6**, **7** und **8** läßt sich formal von einer Magnesium-En-Reaktion ableiten?

- Geben Sie einen Grund dafür an, warum es notwendig ist, die Aldehyde **7** und **8** vor dem oxidativen Abbruch in den Schritten **m** und **n** zu schützen.

- Wenn für die Debenzylierung in Schritt **p** Methanol als Lösungsmittel verwendet wird, erhält man Verbindung **11**. Geben Sie eine Erklärung für die Bildung von Verbindung **11**.

11

Weiterführende Literatur

- Als Übersichtsartikel zur Pictet-Spengler-Reaktion und zur Synthese von Isochinolin-Alkaloiden siehe: E. D. Cox und J. M. Cook, *Chem Rev.* **1995**, *95*, 1797; M. D. Rozwadowska, *Heterocycles* **1994**, *39*, 903; E. Breitmaier, *Alkaloide*, Teubner-Verlag, Stuttgart, **1997**, S. 60.

- Als Übersichtsartikel zur Palladium-katalysierten Synthese von kondensierten Heteroaromaten siehe: T. Sakamoto, Y. Kondo und H. Yamanaka, *Heterocycles* **1988**, *27*, 2225.

- Zum Einsatz von Aminosäureestern in der Synthese von Stickstoffheterocyclen siehe: H. Waldmann, *Synlett* **1995**, 133.

- Zur enantioselektiven Synthese von Suaveolin-verwandten Verbindungen siehe: Y Bi, L.-H. Zhang, L. K. Hamaker und J. M. Cook, *J Am Chem Soc* **1994**, *116*, 9027.

58. Enantioselektive Synthese von Deoxynojirimycin

A. J. Rudge, I. Collins, A. B. Holmes und R. Baker, *Angew Chem.*

1994, *106*, 2416; *Angew Chem Int. Ed Engl* **1994**, *33*, 2320.

*sehen Sie sich die Diskussion an

Ubernommen und angepaßt mit Genehmigung von *Angew Chem* **1994**, *106*, 2416; *Angew Chem Int. Ed. Engl* **1994**, *33*, 2320 ©1994 VCH Verlaggesellschaft.

Diskussion

- Welche absolute Stereochemie muß die Oxazolidinon-Benzylgruppe in Verbindung 1 aufweisen, um unter den angegebenen Reaktionsbedingungen Verbindung 2 zu liefern?

- Schlagen Sie eine Struktur für Verbindung 6 vor.

- Erläutern Sie die in Schritt g beobachtete Stereoselektivität.

- Formulieren Sie den Mechanismus für die Reaktion des Martin-Sulfurans in Schritt k.

Weiterführende Literatur

- Ein neuerer Zugang zu Nojirimycin- und 1-Deoxynojirimycin-Analoga siehe:
  N. Bentley, C. S. Dowdeswell und G. Singh, *Heterocycles* **1995**, *41*, 2411;
  A. Kilonda, F. Compernolle und G. J. Hoornaert, *J Org Chem* **1995**, *60*, 5820.

- Kürzlich wurde das Martin-Sulfuran bei der Synthese von (+)-Lepicidin A eingesetzt: D. A. Evans und W. C. Black, *J Am. Chem Soc* **1993**, *115*, 4497.

59. Synthese von (±)-Aphidicolin

M. Toyota, Y. Nishikawa und K. Fukumoto, *Tetrahedron* **1994**, *50*, 11153.

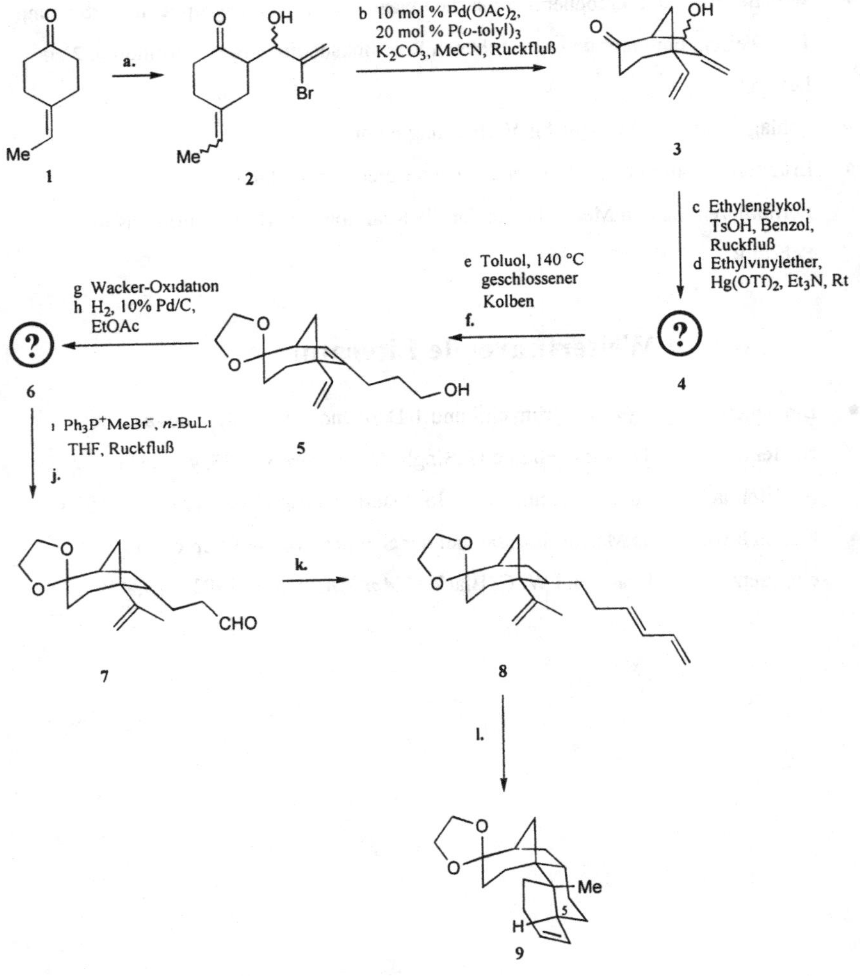
O
Me
1
a.
O
OH
Br
Me
2
b 10 mol % Pd(OAc)2,
20 mol % P(o-tolyl)3
K2CO3, MeCN, Rückfluß
O
OH
3
c Ethylenglykol,
TsOH, Benzol,
Rückfluß
d Ethylvinylether,
Hg(OTf)2, Et3N, Rt
?
4
e Toluol, 140 °C
geschlossener
Kolben
f.
O
O
OH
5
g Wacker-Oxidation
h H2, 10% Pd/C,
EtOAc
?
6
i Ph3P+MeBr−, n-BuLi
THF, Rückfluß
j.
O
O
CHO
7
k.
O
O
8
l.
O
O
Me
5
H
9

Übernommen und angepaßt mit Genehmigung von *Tetrahedron* **1994**, *50*, 11153 ©1994 Elsevier Science Ltd

Diskussion

- Der Kondensationsschritt **a** führt zu einem 3 : 1-Gemisch der Isomere **2**. Vorausgesetzt, daß die Stereoselektivität der Reaktion durch das Zimmerman-Traxler-Modell für den Übergangszustand beschrieben werden kann, welche Struktur sollte dann das bevorzugte Isomer aufweisen?

- Formulieren Sie den Mechanismus für Schritt **b**.

- Die Tetracyclinverbindung **9** wird in einem 3 : 1-Verhältnis mit seinem Epimer (C5) gebildet. Formulieren Sie den Mechanismus und diskutieren Sie die Stereochemie dieser Reaktion.

Weiterführende Literatur

- Einen aktuellen Übersichtsartikel zur Heck-Reaktion finden Sie bei: W. Cabri und I. Candiani, *Acc. Chem. Res.* **1995**, *28*, 2; T. Laue und A. Plagens, *Namen- und Schlagwort-Reaktionen der Organischen Chemie*, Teubner-Verlag, Stuttgart, **1998**, S. 172.

60. Totalsynthese von (+)-7-Deoxypancratistatin

G. E. Keck, S. F. McHardy und J. A. Murry, *J Am Chem Soc* **1995**, *117*, 7289.

p TFAA, Py, DMAP
q Bu$_4$NF, THF
r TPAP, NMO

9

s SmI$_2$

10

t.
u.

11

Diskussion

- Formulieren Sie den Mechanismus für Schritt **i**.

- Die Stereochemie des Produkts der radikalischen Cyclisierung in Schritt **o** hängt in starkem Maße davon ab, welche cyclische Vorstufe (z.B. **7**) eingesetzt wird. Wenn die acyclische Verbindung **12** denselben Reaktionsverbindungen wie in Schritt **o** ausgesetzt wird, führt die Cyclisierung zu Verbindung **13**. Nennen Sie Gründe für diese Beobachtung.

12   **13**

- Welche Reagenzien lassen sich bei der reduktiven Spaltung der N-O-Bindung (Schritt š) alternativ einsetzen?

Weiterführende Literatur

- Als Übersichtsartikel zum Einsatz von Radikal-Reaktionen in der Synthese von Naturstoffen siehe: U. Koert, *Angew. Chem.* **1996**, *108*, 441; *Angew. Chem Int Ed. Engl* **1996**, *35*, 405; P. J. Parsons, C. S. Penkett und A. J. Shell, *Chem. Rev.* **1996**, *96*, 195; D. P. Curran, J. Sisko, P. E. Yeske und H. Liu, *Pure Appl. Chem.* **1993**, *65*, 1153.

- Zum Gebrauch von Samariumiodid in der organischen Synthese siehe: G. A. Molander, *Org. React.* **1994**, *46*, 211; J. Inanaga, *Trends Org. Chem.* **1990**, *1*, 23; J. A. Soderquist, *Aldrichimica Acta* **1991**, *24*, 15.

- Als Übersichtsartikel zur Mitsunobu-Reaktion siehe: D. L. Hughes, *Org Prep. Proced. Int.* **1996**, *28*, 127; D. L. Hughes, *Org React* **1992**, *42*, 335; T. Laue und A. Plagens, *Namen- und Schlagwort-Reaktionen der Organischen Chemie*, Teubner-Verlag, Stuttgart, **1998**, S. 228.

61. Synthetische Studien zu Bruceantin

C. K.-F. Chiu, S. V. Govindan und P. L. Fuchs *J Org Chem.* **1994**, *59*, 311.

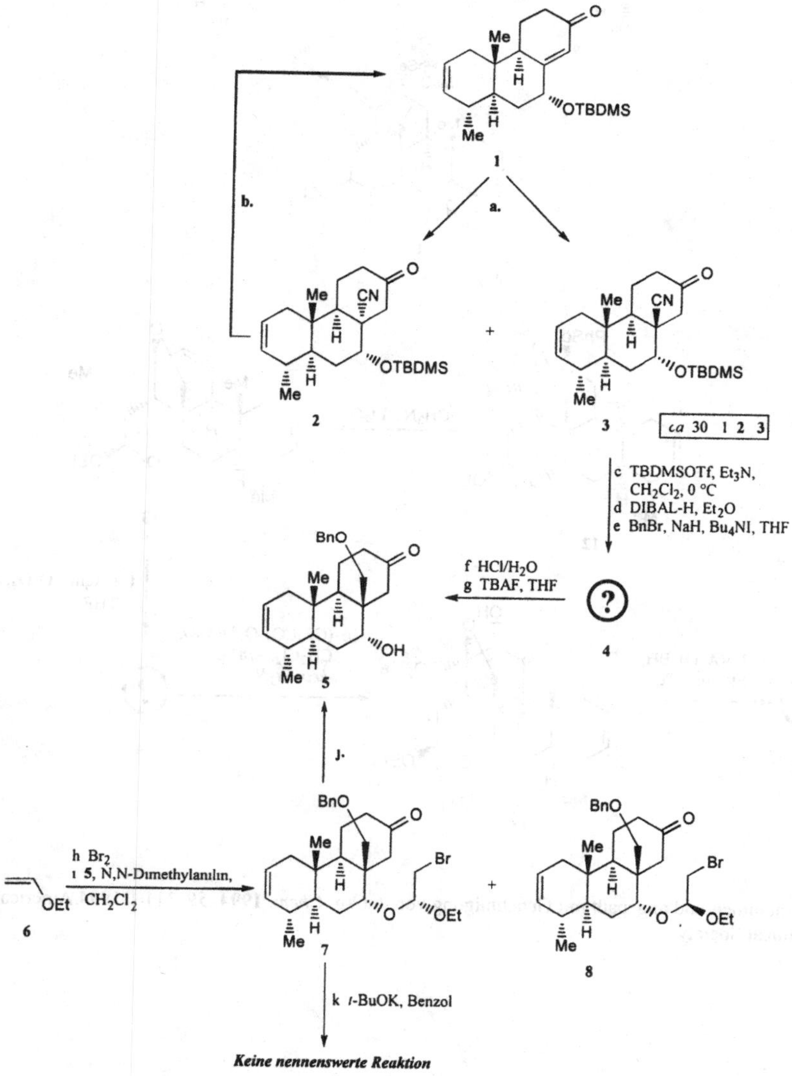
1
a.
b.
2
+
3
ca 30 1 2 3
c TBDMSOTf, Et3N, CH2Cl2, 0 °C
d DIBAL-H, Et2O
e BnBr, NaH, Bu4NI, THF
f HCl/H2O
g TBAF, THF
4
5
j.
h Br2
i 5, N,N-Dimethylanilin, CH2Cl2
6
7
8
k t-BuOK, Benzol
Keine nennenswerte Reaktion

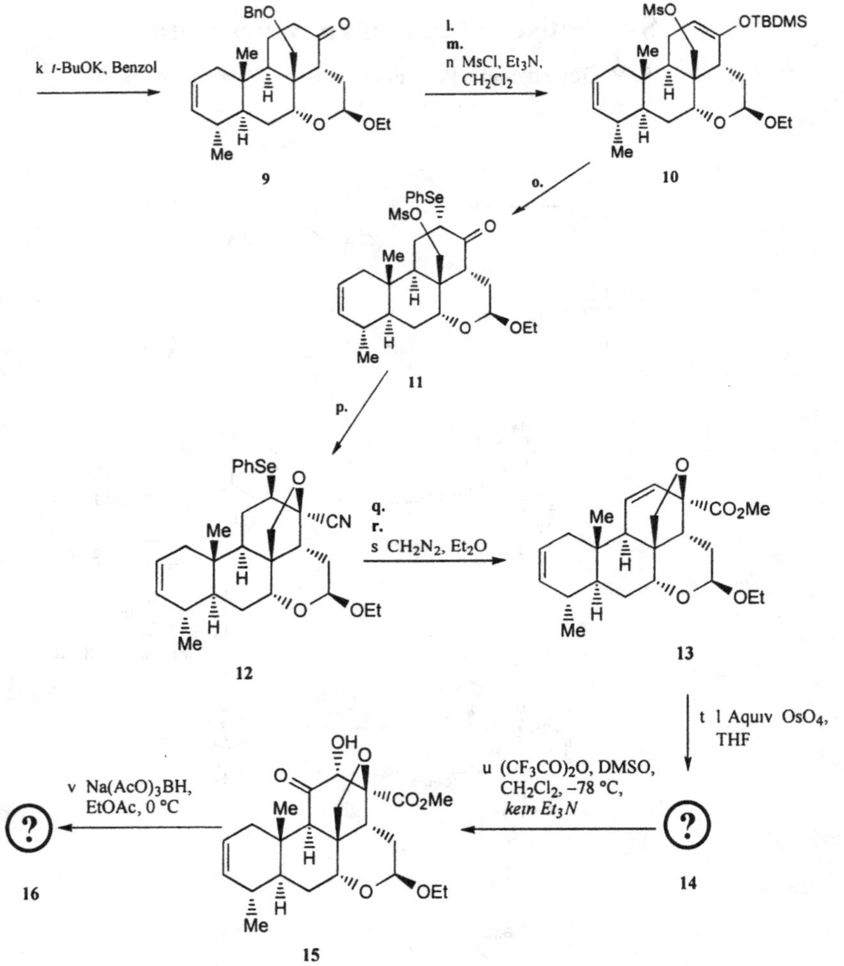

k *t*-BuOK, Benzol

l.
m.
n MsCl, Et₃N, CH₂Cl₂

9 → 10

o.

11

p.

12

q.
r.
s CH₂N₂, Et₂O

13

t 1 Äquiv OsO₄, THF

u (CF₃CO)₂O, DMSO, CH₂Cl₂, −78 °C, *kein Et₃N*

14

v Na(AcO)₃BH, EtOAc, 0 °C

15

16

Übernommen und angepaßt mit Genehmigung von *J Org Chem.* **1994**, *59*, 311 ©1994 American Chemical Society

Diskussion

- Welcher Faktor kontrolliert die Stereochemie der Addition des Cyanids an das Enon 1?

- Welches Produkt würden Sie unter Berücksichtigung des soeben angesprochenen Sachverhalts für Schritt c voraussagen?

- Begründen Sie die Unterschiede in der Reaktivität unter basischen Bedingungen, die sich in der Bildung der Epimere 7 und 8 widerspiegeln.

- Überführt man das Keton 11 in das Nitril 12, so unterliegt die Phenylselenylgruppe einer Epimerisierung. Was ist die treibende Kraft hinter diesem Prozeß?

- Formulieren Sie einen Mechanismus für die Oxidation in Schritt u, die in *Abwesenheit von Triethylamin* durchgeführt wird

Weiterführende Literatur

- Eine kürzlich veröffentlichte Korrelation von Struktur und Aktivität für Quassinoide als Antitumormittel finden Sie bei: M. Okano, F. Narihiko, K. Tagahara, H. Tokuda, A. Iwashima, H. Nishino und K-H. Lee, *Cancer Lett* **1995**, *94*, 139.

- Zur Anwendung von Trialkylamin/TMSOTf als selektive Methode zur "kinetischen" Bildung von Silylenolethern einiger α-Aminocarbonylcyclohexanone siehe: L. Rossi und A. Pecunioso, *Tetrahedron Lett.* **1994**, *35*, 5285.

62. Totalsynthese von (+)-FR900482

T. Yoshino, Y. Nagata, E. Itoh, M. Hashimoto, T. Katoh und S. Terashima, *Tetrahedron Lett.*, **1996**, *37*, 3475. T. Katoh, T. Yoshino, Y. Nagata, S. Nakatani und S. Terashima, *Tetrahedron Lett* **1996**, *37*, 3479.

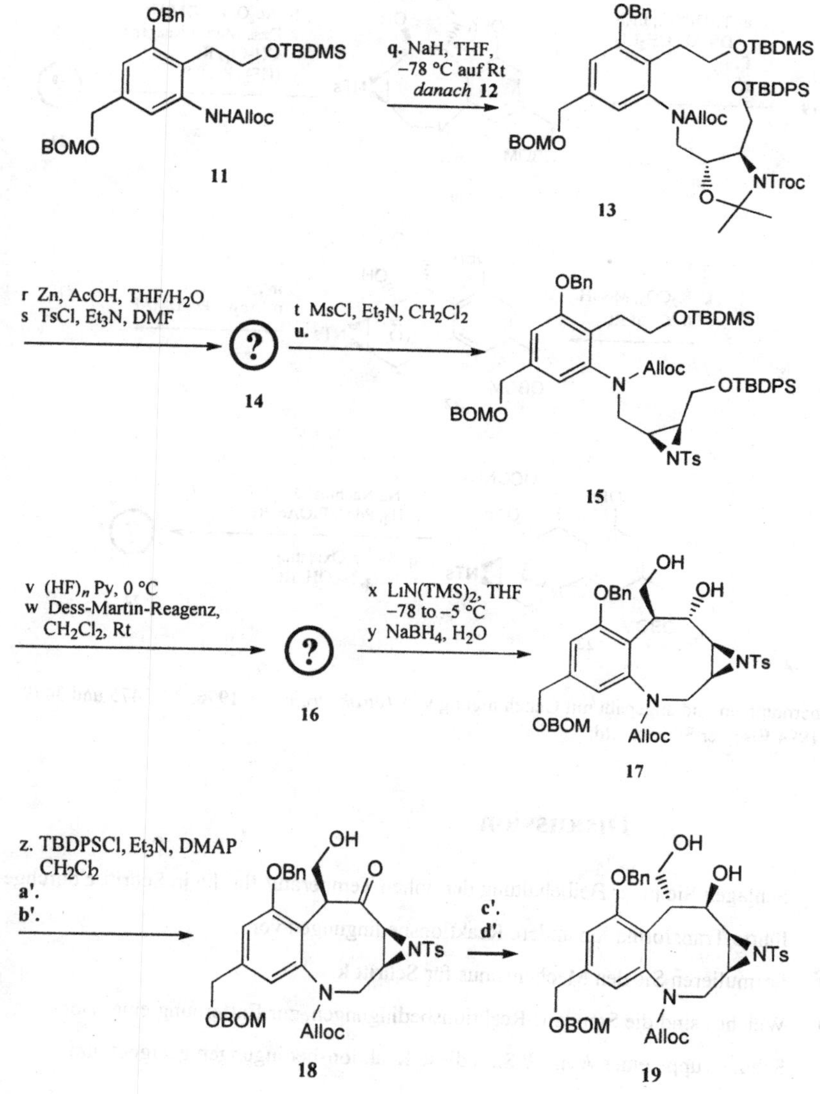

q. NaH, THF, −78 °C auf Rt *danach* 12

11 → 13

r Zn, AcOH, THF/H₂O
s TsCl, Et₃N, DMF

(?) 14

t MsCl, Et₃N, CH₂Cl₂
u.

15

v (HF)ₙ Py, 0 °C
w Dess-Martin-Reagenz, CH₂Cl₂, Rt

(?) 16

x LiN(TMS)₂, THF −78 to −5 °C
y NaBH₄, H₂O

17

z. TBDPSCl, Et₃N, DMAP CH₂Cl₂
a'.
b'.

18

c'.
d'.

19

19 → (e' TBDPSCl, Et₃N, DMAP, CH₂Cl₂; f'.; g'.) → **20** (OTBDPS, OBn, OH, NTs, N–OH, OBOM) → (h' Ac₂O, Py, DMAP; i' Dess-Martin-Reagenz, CH₂Cl₂, Rt; j' (HF)ₙ, Py, 0 °C) → **21** (?)

(k' K₂CO₃, MeOH, 0 °C auf Rt) → **22** (OH, OBn, OH, NTs, O, N, OBOM) → (l'.; m'.; n' Ac₂O, Py, DMAP) →

23 (OBn, OCONH₂, OAc, NTs, O, N, OBOM) → (o' Na-Naphthalid, DME, –70 °C; p' H₂, Pd/C, EtOAc, Rt; q' Swern-Oxidation; r' NH₃, MeOH, Rt) → **24** (?)

Übernommen und angepaßt mit Genehmigung von *Tetrahedron Lett* 1996, *37*, 3475 und 3479 ©1994 Elsevier Science Ltd.

Diskussion

- Schlagen Sie unter Beibehaltung der hohen Temperatur für die in Schritt **c** durchgeführte Transformation andere Reaktionsbedingungen vor.

- Formulieren Sie den Mechanismus für Schritt **k**.

- Welches sind die Standard-Reaktionsbedingungen, zur Entfernung einer Boc-Schutzgruppe eines Amins? Sind diese Reaktionsbedingungen geeignet, um Verbindung **10** zu entschützen?

- Machen Sie einen Strukturvorschlag für Verbindung **12**.

63. Totalsynthese von (3Z)-Dactomelyn

E. Lee, C. M. Park und J. S. Yun, *J Am Chem Soc* **1995**, *117*, 8017.

w. PTSA
x. SO$_3$·Py, Et$_3$N,
   CH$_2$Cl$_2$/DMSO

y. TIPSC≡CCHLiTIPS
z. Bu$_4$NF

12 (10:1 *Z E*)

Übernommen und angepaßt mit Genehmigung von *J Am Chem Soc* **1995**, *117*, 8017 ©1995 American Chemical Society.

Diskussion

- Formulieren Sie den Mechanismus für Schritt **b**.

- Diskutieren Sie die beobachtete *cis*-2,6-Selektivität in den radikalischen Cyclisierungsschritten **h** und **s**.

- Das *gem*-Dichlorderivat, das man in Schritt **h** erhält, kann stereoselektiv nur durch Einsatz eines (Trimethylsilyl)silan-triethylboran-Systems reduziert werden. Eine Auswahl anderer Systeme führt lediglich zu Gemischen. Geben Sie eine Erklärung für diese Beobachtung.

- Nennen Sie Gründe für die beobachtete Regioselektivität bei der reduktiven Abspaltung der Benzylidengruppe in Schritt **l**.

- Im radikalischen Cyclisierungsschritt **s** werden keine der epimeren Bromide gebildet. Wenn diese Reaktion für die Synthese von monocyclischen Produkten angewendet wird, beobachtet man hingegen gewöhnlich die Bildung von Gemischen. Begründen Sie diesen Unterschied in der Stereoselektivität.

- Formulieren Sie den Mechanismus für die Pyridin-SO$_3$-Oxidation.

- Erklären Sie die selektive Bildung der Z-Doppelbindung in Verbindung **12**.

Weiterführende Literatur

- Einige Übersichtsartikel zum Gebrauch von Radikalreaktionen in der Naturstoffsynthese finden Sie bei: U. Koert, *Angew. Chem.* **1996**, *108*, 441; *Angew Chem Int. Ed. Engl* **1996**, *35*, 405; P. J. Parsons, C. S. Penkett und A. J. Shell, *Chem Rev* **1996**, *96*, 195; D. P. Curran, J. Sisko, P. E. Yeske und H. Liu, *Pure Appl Chem* **1993**, *65*, 1153.

- Zur Peterson-Olefinierung finden Sie Übersichtsartikel bei: A. G. M. Barrett, J. M. Hill, E. M. Wallace und J. A. Flygare, *Synlett* **1991**, 764; D. J. Ager, *Org React* **1990**, *38*, 1; T. Laue und A. Plagens, *Namen- und Schlagwort-Reaktionen der Organischen Chemie*, Teubner-Verlag, Stuttgart, **1998**, S. 255.

- Übersichtsartikel zum Einsatz von Hydriddonatoren in der Barton-McCombie-Reaktion finden Sie bei: C. Chatgilialoglu und C. Ferreri, *Res Chem Intermed* **1993**, *19*, 755; S. David, *Chemtracts Org Chem.* **1993**, *6*, 55.

64. Totalsynthese von (±)-Acerosolid

L. A. Paquette und P. C. Astles, *J. Org. Chem.* **1993**, *58*, 165.

Übernommen und angepaßt mit Genehmigung von *J Org Chem* **1993**, *58*, 165 ©1993 American Chemical Society

Diskussion

- Behandelt man Aldehyde in Gegenwart von BF_3 mit dem Allylstannan **1**, so erhält man normalerweise verzweigte Homoallylalkohole. Schlagen Sie einen Mechanismus vor, der die Regioisomerie des in Schritt **a** gebildeten Produkts erklärt.

- Welche relative Stereochemie des Produkts ist bei der Nozaki-Reaktion in Schritt **l** zu erwarten?

Weiterführende Literatur

- Als Übersichtsartikel zur Nozaki-Reaktion siehe: P. Cintas, *Synthesis* **1992**, 248.

65. Synthese einer Vindorosinvorstufe

J. D. Winkler, R. D. Scott und P. G. Williard, *J Am Chem Soc.* **1990**, *112*, 8971.

Diskussion

- Formulieren Sie den Mechanismus für die Sequenz zur Einführung der Schutzgruppe in den Schritten **a**, **b**.

- Erklären Sie die Stereoselektivitäten, die in der Photoreaktion in Schritt **f** und in der Mannich-Reaktion in Schritt **g** beobachtet wurden.

- Welche Aufgabe hat das Tetrabutylammoniumfluorid in Schritt **h**?

- Welches Nebenprodukt entsteht in Schritt **k**?

Weiterführende Literatur

- Übersichtsartikel zur Tandem-Reaktion in der Naturstoffsynthese finden Sie bei P. J. Parsons, C. S. Penkett und A. J. Shell, *Chem Rev.* **1996**, *96*, 195; J. D. Winkler, C. M. Bowen und F. Liotta, *Chem Rev* **1995**, *95*, 2003.

66. Synthese von (−)-PGE₂-Methylester

D. F. Taber und R. S. Hoerrner, *J. Org. Chem.* **1992**, *57*, 441.

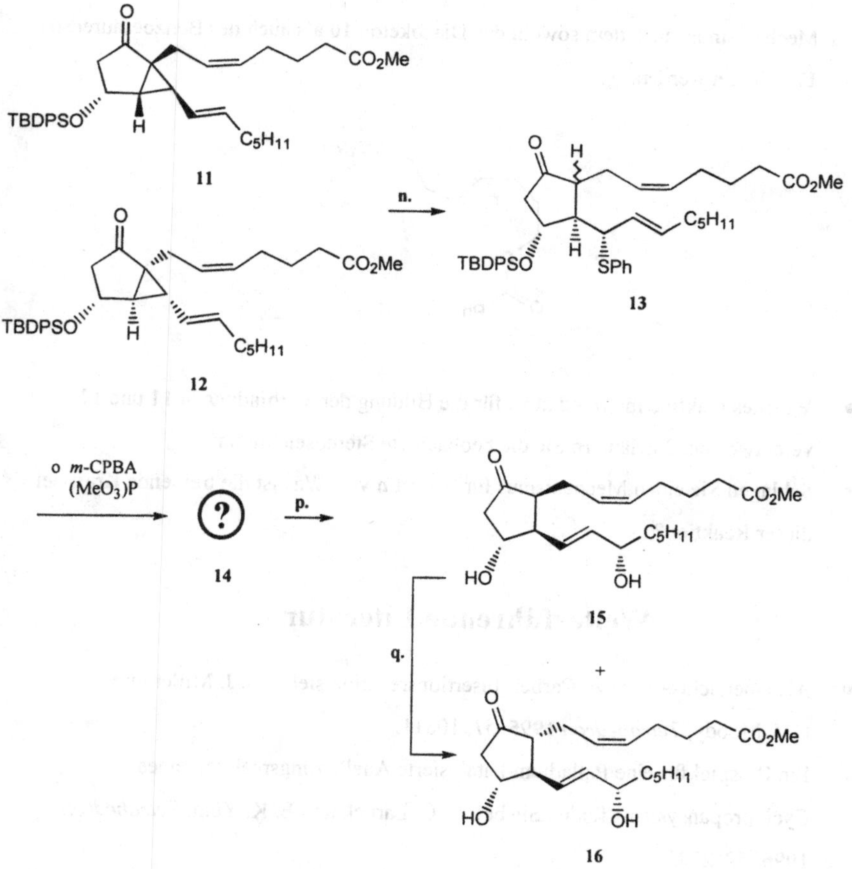

11

12

n.

13

o *m*-CPBA
(MeO₃)P

(?)

14

p.

15

q.

+

16

Übernommen und angepaßt mit Genehmigung von *J Org Chem* **1992**, *57*, 441 ©1992 American Chemical Society

Diskussion

- Schlagen Sie eine Struktur für das reaktive Intermediat in Schritt **g** vor, das *vor* der Addition von Wasser gebildet wird.
- Behandelt man Intermediat **7** mit Benzoesäure, so erhält man Verbindung **17**. Schlagen Sie eine Struktur für Verbindung **7** vor und formulieren Sie einen

Mechanismus, nach dem sowohl das Diazoketon **10** als auch der Benzoesäureester **17** gebildet werden.

- Welches reaktive Intermediat ist für die Bildung der Verbindungen **11** und **12** verantwortlich? Erläutern Sie die beobachtete Stereoselektivität.
- Schlagen Sie einen Mechanismus für Schritt **n** vor. Was ist die treibende Kraft bei dieser Reaktion?

Weiterführende Literatur

- Als Übersichtsartikel zu Carben-Insertionsreaktion siehe: D. J. Miller und C. J. Moody, *Tetrahedron* **1995**, *51*, 10811.
- Ein Beispiel für eine Palladium-katalysierte Anellierungsreaktion eines Cyclopropansystems finden Sie bei: R. C. Larock und E. K. Yum, *Tetrahedron* **1996**, *52*, 2743.

67. Totalsynthese von (–)-Parviflorin

T. R. Hoye und Z. Ye, *J. Am Chem Soc.* **1996**, *118*, 1801.

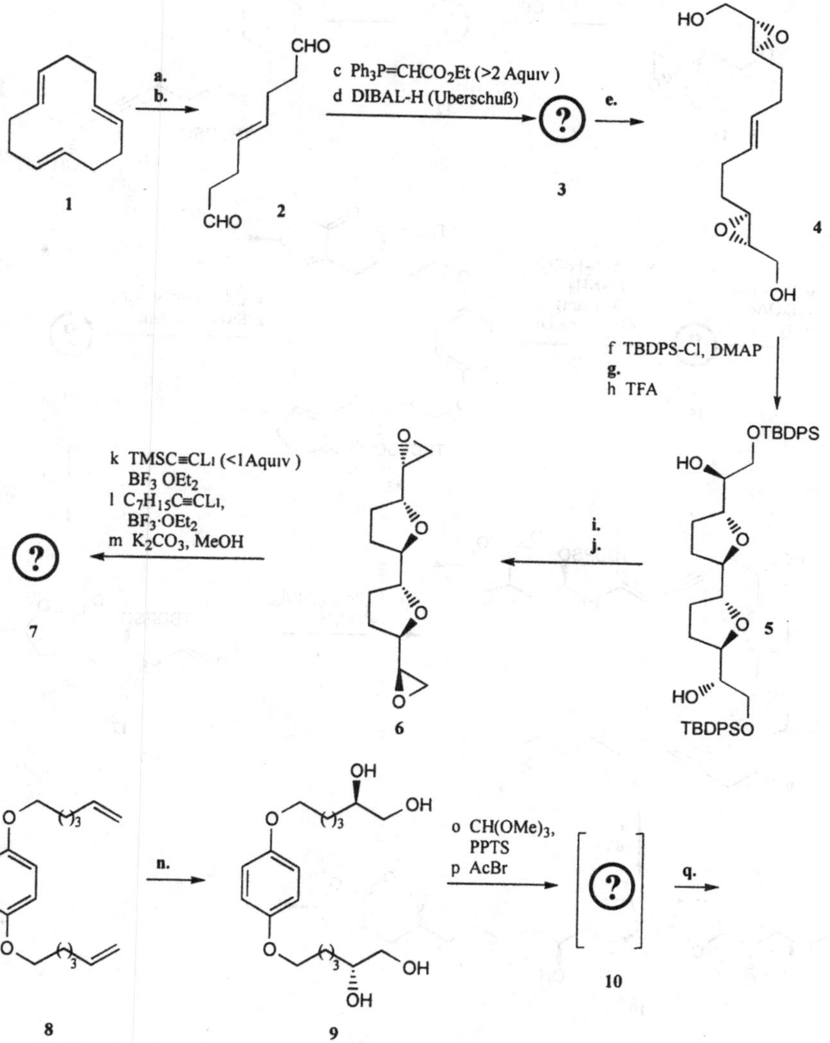
a.
b.
CHO
CHO
c Ph3P=CHCO2Et (>2 Äquiv.)
d DIBAL-H (Überschuß)
?
e.
HO
O
OH
1
2
3
4
f TBDPS-Cl, DMAP
g.
h TFA
OTBDPS
HO
TBDPSO
5
i.
j.
6
k TMSC≡CLi (<1Äquiv.)
BF3 OEt2
l C7H15C≡CLi,
BF3·OEt2
m K2CO3, MeOH
?
7
n.
o CH(OMe)3,
PPTS
p AcBr
?
q.
8
9
10

Ubernommen und angepaßt mit Genehmigung von *J Am Chem Soc.* **1996**, *118*, 1801 ©1996 American Chemical Society

Diskussion

- Welche Art von Symmetrie weisen die Moleküle 4 bis 6 und 9 bis 15 auf?
- Von welchem Weinsäurediethylesterenantiomer erwarten Sie, daß es zu dem gewünschten Produkt in Schritt e führt?
- In den Schritten i und j wird das Diol 5 in das entsprechende *bis*-Epoxid 6 überführt. Welches Produkt hätte man erwarten können, wenn Verbindung 5 zunächst desilyliert und anschließend wie in den Schritten o bis q behandelt worden wäre?

Weiterführende Literatur

- Als Übersichtsartikel zu bidirektionellen Kettenverlängerungsreaktionen siehe: C. S. Poss und S. L. Schreiber, *Acc. Chem. Res* **1994**, *27*, 9.
- Eine neuere mechanistische Untersuchung zur Sharpless-Epoxidierung finden Sie bei: P. G. Potvin und S. Bianchet, *J Org. Chem.* **1992**, *57*, 6629.
- Als Übersichtsartikel zu Palladium- und Kupfer-katalysierten Kreuz-Kupplungs-Reaktionen siehe: R. Rossi, A. Carpita und F. Bellina, *Org. Prep Proced Int* **1995**, *27*, 127.

68. Totalsynthese von (−)-Chlorthricolid

W. R. Roush und R. J. Sciotti, *J Am Chem. Soc* **1994**, *116*, 6457.

Übernommen und angepaßt mit Genehmigung von *J Am Chem Soc* **1994**, *116*, 6457 ©1994 American Chemical Society.

Diskussion

- Schlagen Sie eine geeignete Methode für die Synthese des optisch aktiven Alkohols **1** aus dem entsprechenden Keton vor.

- Formulieren Sie einen Mechanismus für die Iodierung von Verbindung **2**. Welche Aufgabe erfüllt das DIBAL-H in dieser Sequenz?

- Formulieren Sie einen Mechanismus für Schritt **f**.

- Diskutieren Sie die Stereoselektivität der Schritte **g** und **i**.

- Welche Struktur hat die in Schritt **j** eingesetzte Verbindung **7**?

- Erläutern Sie sowohl den Mechanismus als auch die Stereochemie, die zu dem cyclischen System **8**, dem Hauptprodukt in Schritt **j**, führt.

- Welche Aufgabe hat 2-Methyl-2-buten in Schritt **r**?

Weiterführende Literatur

- Methoden zur enantioselektiven Reduktion unsymmetrischer Ketone finden Sie bei: V. K. Singh, *Synthesis* **1992**, 605.

- Einen exzellenten Übersichtsartikel zur intramolekularen Diels-Alder-Reaktion finden Sie bei: W. Carruthers, *Cycloaddition Reactions in Organic Synthesis*, Pergamon Press, Oxford, 1990.

- Einen Übersichtsartikel zu Ringschlußreaktionen in der Naturstoffsynthese finden Sie bei: Q. Meng und M. Hesse, *Top Curr. Chem.* **1992**, *161*, 107.

- Übersichtsartikel zur Suzuki-Reaktion finden Sie bei: N. Miyaura und A. Suzuki, *Chem Rev* **1995**, 2457; A. Suzuki, *Pure Appl Chem.* **1994**, *66*, 213 und A. R. Martin und Y. Yang, *Acta Chem. Scand.* **1993**, *47*, 221.

- Einen Übersichtsartikel zur Stereochemie und zum Mechanismus der Wittig-Reaktion finden Sie bei: E. Vedejs und M. J. Peterson, *Top Stereochem.* **1994**, *21*, 1.

69. Synthetische Studien zu Furanoheliangoliden

D. S. Brown und L. A. Paquette, *J. Org. Chem.* **1992**, *57*, 4512.

(ca 3 : 2 Verhältnis 10 : 11)

14 $\xrightarrow{\text{r } K_2CO_3, \text{ Xylol, } \Delta}$

(*ca* 1 : 2 ratio **15** : **16**)

Übernommen und angepaßt mit Genehmigung von *J Org Chem.* **1992**, *57*, 4512 ©1992 American Chemical Society

Diskussion

- Schlagen Sie einen Mechanismus für die Bildung des Furans **2** vor.

- Diskutieren Sie die Stereochemie des in Schritt **f** gebildeten Produkts.

- Die Umformung von **3** → **6** beinhaltet formal eine [4+2]-Cycloaddition eines Ketens an einen Furanring. Warum werden Ketene gewöhnlich nicht direkt in Diels-Alder-Reaktionen eingesetzt?

- Formulieren Sie einen Mechanismus für die Umlagerung von Verbindung **14** zu den Isomeren **15** und **16**. Welche Rolle spielt das Kaliumcarbonat bei dieser Reaktion?

- Zu welchem Produkt reagiert der *E*-Enolether **17** unter den Reaktionsbedingungen von Schritt **r**?

$$K_2CO_3, \text{Lösungsmittel}, \Delta$$

Weiterführende Literatur

- Als Übersichtsartikel zur Oxy-Cope-Umlagerung siehe: K. Durairaj, *Curr Sci.* **1994**, *43*, 917; L. A. Paquette, *Synlett* **1990**, 67. Einen allgemeineren Übersichtsartikel zu Anionen-katalysierten sigmatropen Umlagerungen finden Sie bei: S. R. Wilson, *Org React* **1993**, *43*, 93.

- Als Übersichtsartikel zum Gebrauch von Tetrapropylammoniumperruthenat (TPAP) siehe: S. V. Ley, J. Norman, W. P. Griffith und S. P. Marsden, *Synthesis* **1994**, 639.

- Einige aktuelle Anwendungen der Diels-Alder-Reaktion von Furanen mit Ketenäquivalenten finden Sie bei: I. Yamamato und K. Narasaka, *Chem. Lett.* **1995**, 1129; P. Metz, M. Fleischer und R. Frohlich, *Tetrahedron* **1995**, *51*, 711; K. Konno, S. Sagara, T. Hayashi und H. Takayama, *Heterocycles* **1994**, *39*, 51.

70. Totalsynthese von Staurosporin

J. T. Link, S. Raghavan und S. J. Danishefsky, *J. Am. Chem. Soc* **1995**, *117*, 552.

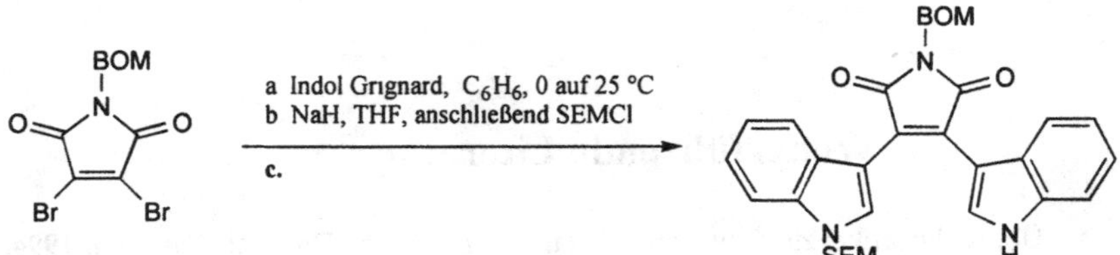
BOM
O
N
O
Br
Br
a Indol Grignard, C_6H_6, 0 auf 25 °C
b NaH, THF, anschließend SEMCl
c.
SEM
H

1 2

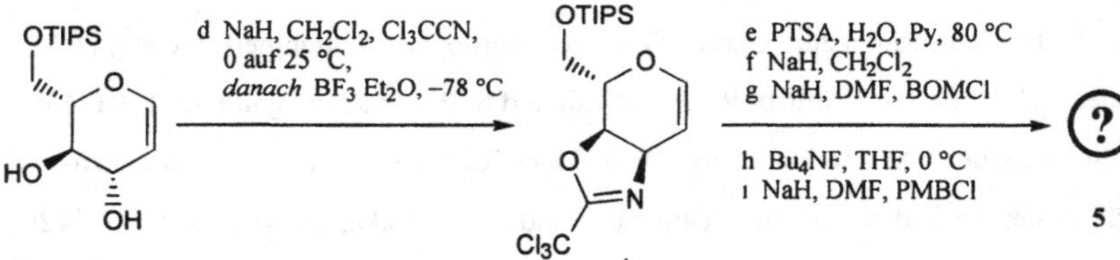
OTIPS
O
HO
OH
d NaH, CH_2Cl_2, Cl_3CCN,
0 auf 25 °C,
danach BF_3 Et_2O, –78 °C
N
Cl_3C
e PTSA, H_2O, Py, 80 °C
f NaH, CH_2Cl_2
g NaH, DMF, BOMCl
h Bu_4NF, THF, 0 °C
i NaH, DMF, PMBCl
?

3 4 5

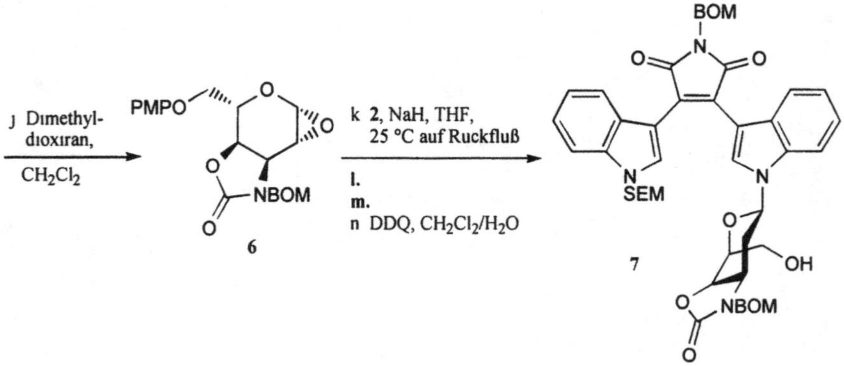
j Dimethyl-
dioxiran,
CH_2Cl_2
PMPO
O
NBOM
k **2**, NaH, THF,
25 °C auf Rückfluß
l.
m.
n DDQ, CH_2Cl_2/H_2O
BOM
SEM
OH
NBOM

6 7

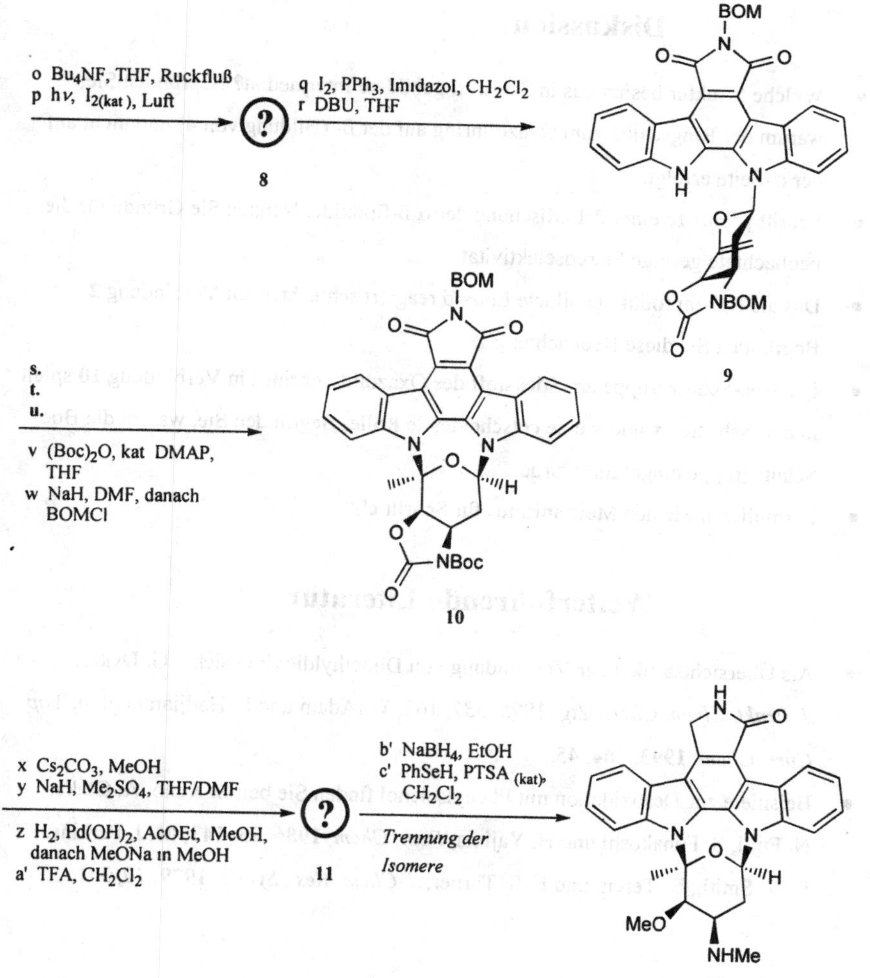

o Bu₄NF, THF, Ruckfluß
p hν, I₂(kat), Luft

q I₂, PPh₃, Imidazol, CH₂Cl₂
r DBU, THF

8

9

s.
t.
u.

v (Boc)₂O, kat DMAP, THF
w NaH, DMF, danach BOMCl

10

x Cs₂CO₃, MeOH
y NaH, Me₂SO₄, THF/DMF
z H₂, Pd(OH)₂, AcOEt, MeOH, danach MeONa in MeOH
a' TFA, CH₂Cl₂

11

b' NaBH₄, EtOH
c' PhSeH, PTSA (kat), CH₂Cl₂

Trennung der Isomere

12

Ubernommen und angepaßt mit Genehmigung von *J Am Chem Soc* **1995**, *117*, 552 ©1995 American Chemical Society.

Diskussion

- Welche Struktur besitzt das in Schritt **d** gebildete Intermediat? Begründen Sie, warum der Ringschluß zum Oxazolinring auf der ß- (Bildung von **4**) und nicht auf der α-Seite erfolgt.

- Schritt **j** führt zu einer 2:1-Mischung der α:ß-Epoxide. Nennen Sie Gründe für die beobachtete geringe Stereoselektivität.

- Das als Nebenprodukt gebildete Epoxid reagiert schlechter mit Verbindung **2**. Begründen Sie diese Beobachtung.

- Die Boc-Schutzgruppe am Stickstoff des Oxazolidinonrings in Verbindung **10** spielt in den Schritten **x** und **y** eine entscheidende Rolle. Begründen Sie, warum die Boc-Schutzgruppe eingeführt wurde.

- Formulieren Sie den Mechanismus für Schritt **c'**.

Weiterführende Literatur

- Als Übersichtsartikel zur Verwendung von Dimethyldioxiran siehe: G. Dyker, *J. Prakt. Chem./Chem. Ztg* **1995**, *337*, 162; W. Adam und L. Hadjiarapoglou, T*op Curr Chem.* **1993**, *164*, 45.

- Beispiele zur Desoxidation mit Phenylselenol finden Sie bei: S. Kuno, A. Otaka, N. Fujii, S. Funakoshi und H. Yajima, *Pept Chem* **1986**, *23*, 143; M. J. Perkins, B. V. Smith, B. Terem und E. S. Turner, *J Chem. Res , Synop* **1979**, *10*, 341.

71. Totalsynthese von (–)-Cephalotaxin

N. Isono und M. Mori, *J. Org. Chem* **1995**, *60*, 115.

Übernommen und angepaßt mit Genehmigung von *J Org Chem* **1995**, *60*, 115 © 1995 American Chemical Society.

Diskussion

- Erklären Sie die bei der Bildung von Verbindung **2** beobachtete Diastereoselektivität.

- In Schritt l wird eine kleine Menge von Verbindung **14** gebildet. Erklären Sie diese Beobachtung.

- Welches ist die reaktive Spezies in Schritt I?
- Formulieren Sie den Mechanismus für die Bildung von Verbindung **8**.
- Nennen Sie Gründe für die bei der Dihydroxylierung **p** beobachtete Stereo-selektivität.
- Drastischere Reaktionsbedingungen bei der Bildung des Methylvinylethers **12** (Dimethoxyaceton, TsOH, Dioxan, Rückfluß) führen zum Racemat. Formulieren Sie einen Mechanismus, der diese Racematbildung erklärt.

Weiterführende Literatur

- Als Übersichtsartikel zur asymmetrischen Induktion unter Verwendung von Prolinderivaten siehe: S. Blechert, *Nachr. Chem Tech Lab.* **1979**, *27*, 768.
- Übersichtsartikel zur asymmetrischen Dihydroxylierung finden Sie bei: B. B. Lohray, *Tetrahedron Asymmetry* **1992**, *3*, 1317; H. C. Kolb, M. S. VanNieuwenhze und K. B. Sharpless, *Chem. Rev.* **1994**, *94*, 2483.

72. Synthese von Picrotoxinin

B. M. Trost und M. J. Krische, *J. Am. Chem. Soc.* **1996**, *118*, 233.

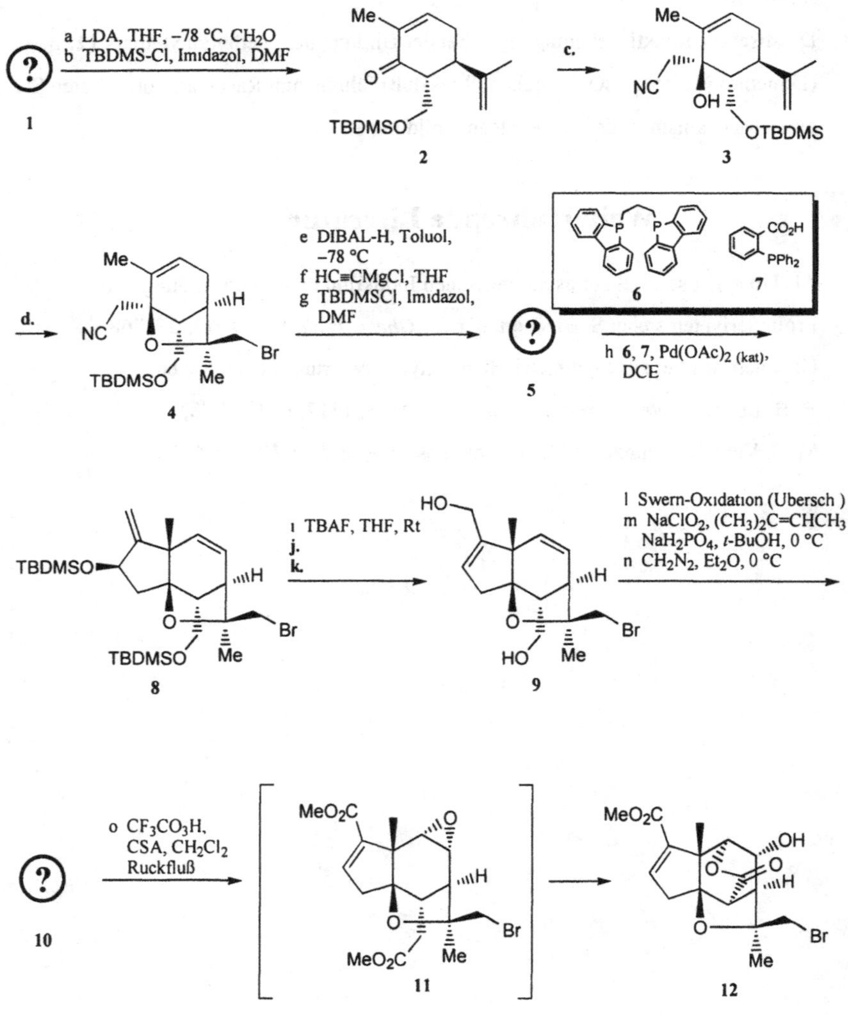

1

a LDA, THF, –78 °C, CH₂O
b TBDMS-Cl, Imidazol, DMF

2

c.

3

d.

4

e DIBAL-H, Toluol, –78 °C
f HC≡CMgCl, THF
g TBDMSCl, Imidazol, DMF

6   7

5

h 6, 7, Pd(OAc)₂ (kat), DCE

8

i TBAF, THF, Rt
j.
k.

9

l Swern-Oxidation (Übersch.)
m NaClO₂, (CH₃)₂C=CHCH₃, NaH₂PO₄, t-BuOH, 0 °C
n CH₂N₂, Et₂O, 0 °C

10

o CF₃CO₃H, CSA, CH₂Cl₂ Rückfluß

11

12

Übernommen und angepaßt mit Genehmigung von *J Am Chem Soc* **1996**, *118*, 233 ©1996 American Chemical Society

Diskussion

- Begründen Sie die in Schritt **c** beobachtete Stereoselektivität.

- Formulieren Sie einen Mechanismus für Schritt **h**.

- Schlagen Sie, unter Berücksichtigung der Stereochemie des Epoxids **11**, einen Mechanismus für die unter den Reaktionsbedingungen von Schritt **o** beobachtete Säure-katalysierte Ringöffnung vor.

- Begründen Sie, warum die Stabilität des fünfgliedrigen, cyclischen Lactons **14** größer ist als die des sechsgliedrigen, überbrückten Systems **13**.

73. Totalsynthese von (+)-Dactylol

G. Molander und P. R. Eastwood, *J Org Chem* **1995**, *60*, 4559.

Übernommen und angepaßt mit Genehmigung von *J Org Chem* **1995**, *60*, 4559 ©1995 American Chemical Society.

Diskussion

- Formulieren Sie einen Mechanismus für die [3 + 5]-Anullierung in Schritt **b**.
- Nach welchem Mechanismus erfolgt die Tebbe-Methylierung?
- Das gewünschte Produkt **6** wurde lediglich mit einer Ausbeute von 25% isoliert. Als Hauptprodukt mit 36 % wird eine andere Verbindung aus dem Reaktionsgemisch isoliert. Machen Sie unter Berücksichtigung des Mechanismus der Ringöffnungs-reaktionen mit gelösten Metallen einen Strukturvorschlag.

Weiterführende Literatur

- Andere Arbeiten zur [3+5]-Anullierung von *bis*-(Trimethylsilyl)-enolethern finden Sie bei: G. A. Molander und P. R. Eastwood, *J. Org Chem* **1996**, *61*, 1910; G. A. Molander und P. R. Eastwood, *J Org Chem* **1995**, *60*, 8382.
- Übersichtsartikel zur Reduktion mit Metallen in flüssigem Ammoniak finden Sie bei: P. W Rabideau, *Tetrahedron* **1989**, *45*, 1579; A. Rassat, *Pure Appl Chem.* **1977**, *49*, 1049.
- Einen Übersichtsartikel zur Methylierungsreaktion mit dem Tebbe-Reagenz finden Sie bei: H. U. Reissig, *Org Synth Highlights I*, VCH, Weinheim, **1991**, S. 192.

74. Synthese von (±)-Ceratopicanol

D. L. J. Clive, S. R. Magnuson, H. W. Manning und D. L. Mayhew,

J. Org. Chem. **1996**, *61*, 2095.

8
*Mischung der Epoxide,
die unabhängig voneinander in Verbindung
15 überführt werden*

Übernommen und angepaßt mit Genehmigung von *J Org Chem* **1996**, *61*, 2095 ©1996 American Chemical Society.

Diskussion

- Was steuert die Selektivität im Reduktionsschritt **a**? Welches Reagenz wird gewöhnlich für die Reduktion von weniger gehinderten α,β-ungesättigten Ketonen eingesetzt?

- Formulieren Sie den Mechanismus für Schritt **e**.

- In Schritt **g** wird nach Reduktion des Aldehyds **5** ein Ph₃P-CBr₄-System eingesetzt. Nach welchem Mechanismus arbeitet dieses System?

- Vorausgesetzt, es wäre in Schritt **k** notwendig gewesen, einen sechsgliedrigen Ring anstelle eines Fünfrings zu bilden, wäre auch dann die der Synthese zugrundeliegende Strategie erfolgreich?

- Schritt **k** verläuft über eine Ringöffnung des Epoxids **8**. Schlagen Sie einen Grund für die Regioselektivität vor, die sich aus der Tatsache ergibt, daß es sich bei dem gebildeten Produkt um Verbindung **11** handelt.

- Die Reaktionssequenz von Verbindung **13** zu **15** verläuft über eine klassische Desoxidationsroute. Schlagen Sie andere Methoden für die Desoxidation von Alkoholen oder Ketonen vor.

Weiterführende Literatur

- Als Übersichtsartikel zu radikalischen Cyclisierungsreaktionen siehe: M. Malacria, *Chem. Rev* **1996**, *96*, 289; U. Koert, *Angew Chem* **1996**, *108*, 441; *Angew Chem Int Ed Engl* **1996**, *35*, 405; T. V. RajanBabu, *Acc Chem Res* **1991**, *24*, 139; D. P. Curran, *Synlett* **1991**, 63; C. P. Jasperse, D. P. Curran und T. L Fevig, *Chem Rev.* **1991**, *91*, 1237.

- Einen allgemeineren Übersichtsartikel zu kationischen, radikalischen und anionischen Cyclisierungen finden Sie bei: C. Thebtaranotnth und Y. Thebtaranotnth, *Tetrahedron* **1990**, *46*, 1385.

- Einen Übersichtsartikel zum Einsatz einiger Klassen von Tandem-Reaktionen in der organischen Synthese finden Sie bei: P. J. Parsons, C. S. Penkett und A. J. Shell, *Chem Rev* **1996**, *96*, 195.

- Ein aktuelles Beispiel zur Anwendung von radikalischen Desoxidationsreaktionen bei der Synthese von (+)-Brazilan siehe: J. Xu und J. C. Yadan, *Tetrahedron Lett* **1996**, *37*, 2421.

75. Totalsynthese von (±)-Myrocin C

M. Y. Chu-Moyer, S. J. Danishefsky und G. K. Schulte, *J. Am. Chem. Soc.*
1994, *116*, 11213.

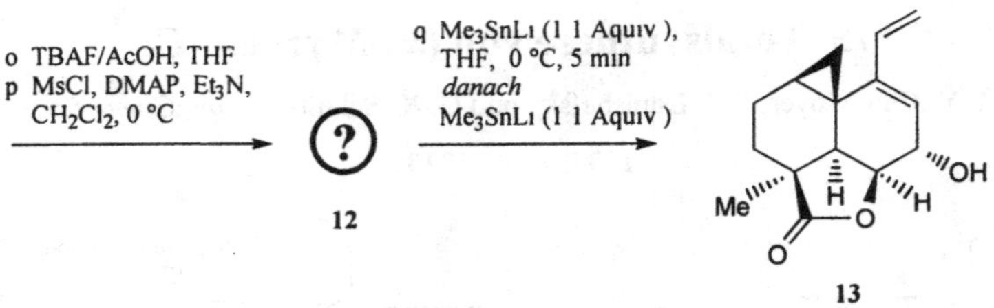
o TBAF/AcOH, THF
p MsCl, DMAP, Et3N, CH2Cl2, 0 °C
?
12
q Me3SnLi (1 1 Äquiv), THF, 0 °C, 5 min
danach
Me3SnLi (1 1 Äquiv)
OH
H
Me
H
O
O
13

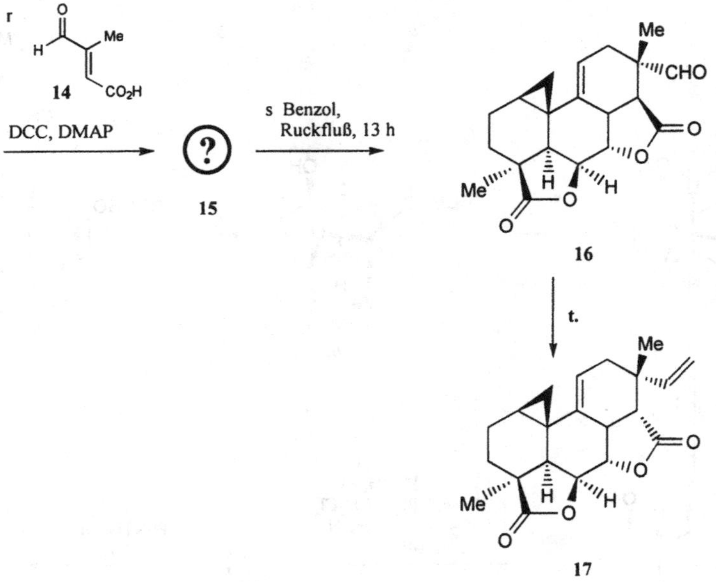
r
O
H
Me
14
CO2H
DCC, DMAP
?
15
s Benzol, Rückfluß, 13 h
Me
CHO
O
O
H
Me
H
O
O
16
t.
Me
O
O
H
Me
H
O
O
17

Übernommen und angepaßt mit Genehmigung von *J Am Chem Soc* **1994**, *116*, 11213 ©1994 American Chemical Society

Diskussion

- Formulieren Sie den Mechanismus für Schritt **b**.
- Schlagen Sie eine alternative Methode für die Umformung vor, die in Schritt **c** mit Hilfe von 3,3-Dimethyldioxiran durchgeführt wird.
- Diskutieren Sie die Stereoselektivität der Reduktion in Schritt **d**.

- Formulieren Sie einen Mechanismus für die Bildung von **13** ausgehend von Verbindung **12**, wobei Sie berücksichtigen sollten, daß die Behandlung des Tosylats **18** mit *tert*-Butyllithium bei −78 °C mit einer Ausbeute von 74% zu Verbindung **19** führt.

t-BuLi, −78 °C
74%

18

19

Weiterführende Literatur

- Eine alternative Methode zur Synthese eines Myrocin C Fragments siehe:
  W. Langschwater und H. M. R. Hoffmann, *Liebigs Ann.* **1995**, 797.
- Weitere aktuelle Anwendungen der intramolekularen Diels-Alder-Reaktionen siehe:
  P. J. Ainsworth, D. Craig, A. J. P. White und D. J. Williams, *Tetrahedron* **1996**, *52*, 8937; M. Naruse, S. Aoyagi und C Kibayashi, *J Chem Soc , Perkin Trans 1*, **1996**, 1113; T.-C. Chou, P.-C. Hong, Y.-F. Wu, W.-Y. Chang, C.-T. Lin und K.-J Lin, *Tetrahedron* **1996**, *52*, 6325; C. D. Dzierba, K. S. Zandi, T. Moellera und K. J. Shea, *J Am Chem. Soc* **1996**, *118*, 4711; M. Lee, I. Ikeda, T. Kawabe, S. Mori und K. Kanematsu, *J Org, Chem* **1996**, *61*, 3406.

76. Synthese von Staurosporin-Aglycon

C. J. Moody, K. F. Rahimtoola, B. Porter und B. C. Ross, *J. Org. Chem.* **1992**, *57*, 2105.

Übernommen und angepaßt mit Genehmigung von *J. Org. Chem.* **1992**, *57*, 2105 ©1992 American Chemical Society.

Diskussion

- Formulieren Sie den Mechanismus für Schritt **b**.

- Welcher Mechanismus verbirgt sich hinter der Umformung in Schritt **f**?

- Einfaches Refluxieren von Verbindung **7** in Brombenzol unter Inertgasatmosphäre führt mit hoher Ausbeute zu Verbindung **10**. Im Protonenspektrum dieser Verbindung findet man die folgenden Signale mit dem Integral für ein einzelnes Proton: $\delta = 3.28$ (dd, $J = 17$ und 7 Hz), 3.69 (dd, $J = 17$ und 10 Hz), 4.72 (dd, $J = 10$ und 7 Hz). Das FAB-Massenspektrum zeigt ein protoniertes Molekülion bei $m/e = 346$. Machen Sie einen Strukturvorschlag für diese Verbindung, und begründen Sie, warum bei der Synthese ein zweites Mal refluxiert wird, in diesem Fall jedoch unter Luft.

Weiterführende Literatur

- Die erste Totalsynthese von Staurosporin finden Sie bei: J. T. Link, S. Raghavan und S. J. Danishefsky, *J. Am. Chem. Soc.* **1995**, *117*, 552.

- Eine Struktur-Aktivitätsstudie zu einer Serie von analogen Proteinkinaseinhibitoren wurde veröffentlicht von J. Zimmermann, T. Meyer und J. W. Lown, *Bioorg. Med Chem. Lett.* **1995**, *5*, 497.

- Einen Überblick über die Alkaloidchemie (auch Staurosporin S. 86) finden Sie bei: E. Breitmaier, *Alkaloide*, Teubner-Verlag, Stuttgart, **1997**.

77. Synthese von (20*S*)-Camptothecin

D. P. Curran, S.-B. Ko und H. Josien, *Angew. Chem.* **1995**, *107*, 2948; *Angew. Chem. Int. Ed. Engl.* **1995**, *34*, 2683.

Diskussion

- Diskutieren Sie die in der Reaktionssequenz von **a** zu Verbindung **d** beobachtete Regioselektivität, und geben Sie Gründe an, warum es möglich ist, in Schritt **c** eine nucleophile Base wie *n*-BuLi einzusetzen.

- Formulieren Sie den Mechanismus für die reduktive Veretherung in Schritt **e**.

- Schlagen Sie Strukturen für die bei der radikalischen Kaskadenreaktion von Verbindung **8** mit Phenylisonitril durchlaufenden Intermediate vor.

Weiterführende Literatur

- Einen Übersichtsartikel zu Radikalreaktionen in der Synthese von Naturstoffen finden Sie bei: U. Koert, *Angew Chem* **1996**, *108*, 441; *Angew. Chem. Int Ed Engl.* **1996**, *35*, 405.

- Einen Übersichtsartikel zu *ortho*-Metallierungsreaktionen finden Sie bei: V. Snieckus, *Pure Appl Chem.* **1990**, *62*, 2047; G. Quéguiner, F. Marsais, V. Snieckus und J. Epsztajn, *Adv Heterocycl Chem* **1991**, *52*, 187.

- Einen Überblick über die Alkaloidchemie (auch Camptothecin S. 72) finden Sie bei: E. Breitmaier, *Alkaloide*, Teubner-Verlag, Stuttgart, **1997**.

78. Synthese eines Fragments von (+)-Codaphniphyllin

C. H. Heathcock, J. C. Kath und R. B. Ruggeri, *J. Org. Chem.* **1995**, *60*, 1120.

Übernommen und angepaßt mit Genehmigung von *J Org Chem* **1995**, *60*, 1120 ©1995
American Chemical Society

Diskussion

- Erklären Sie die Einbußen beim Enantiomerenüberschuß, die man bei der Reaktions-
  sequenz von **2** zu Verbindung **4** beobachtet.

- Ein kleine Menge von Verbindung **14** wird unter den Bedingungen der Reformatsky-
  Reaktion in Schritt **i** gebildet. Formulieren Sie den zugehörigen Mechanismus.

- Formulieren Sie einen Mechanismus für die Bildung von Verbindung **10** und für die Demethylierung des intermediären Carbokations **9**.
- Welche Rolle spielt das DIBAL bei der Grob-Fragmentierung in Schritt **n**?
- Formulieren Sie den Mechanismus für die Bildung von Verbindung **13**. Begründen Sie, warum es notwendig ist, das Amin **11** in das Harnstoffderivat **12** zu überführen.

Weiterführende Literatur

- Als Übersichtsartikel zur Reformatsky-Reaktion siehe: A. Fürstner, *Synthesis* **1989**, 571; T. Laue und A. Plagens, *Namen- und Schlagwort-Reaktionen der Organischen Chemie*, Teubner-Verlag, Stuttgart, **1998**, S. 267.
- Eine andere Anwendung der Grob-Fragmentierung in der Synthese von Azabicyclononanen finden Sie bei: N. Risch, U. Billerbeck und B. Meyer-Roscher, *Chem Ber* **1993**, *126*, 1137.
- Röntgenstrukturanalysen von Iminium-Ionen, die über Grob-Fragmentierung gebildet wurden, finden Sie bei: S. Hollenstein und T. Laube, *Angew. Chem.* **1990**, *102*, 194; *Angew Chem. Int Ed Engl* **1990**, *29*, 188.

79. Totalsynthese von Indanomycin

S. D. Burke, A. D. Piscopio, M. E. Kort, M. A. Matulenko, M. H. Parker,
D. M. Armistead und K. Shankaran, *J. Org. Chem.* **1994**, *59*, 332.

Übernommen und angepaßt mit Genehmigung von *J Org Chem* **1994**, *59*, 332 ©1994 American Chemical Society.

Diskussion

• Diskutieren Sie die Stereoselektivität bei der Bildung von Verbindung **2**.

• Formulieren Sie den Mechanismus der Reaktion von **2** zu Verbindung **3**.

• Die Luche-Reduktion von Verbindung **8** verläuft nicht selektiv, sondern führt zu einem epimeren Gemisch, das nach Schritt **j** getrennt werden kann. Wie läßt sich das unerwünschte Epimer recyceln?

• Formulieren Sie den Mechanismus für die Bildung von Verbindung **11**.

• Bei der Modellverbindung **A** führt die Thermolyse bei 105 °C zu der Bildung einer offenkettigen Verbindung **B**. Diese kann durch Erhitzen bei 135 °C in die gewünschte, zum Bicyclus **11** analoge Verbindung überführt werden. Wie würden Sie aufgrund dieser Fakten den Mechanismus für die Bildung von **11** formulieren?

- Geben Sie einen Strukturvorschlag für Verbindung **14** an.

Weiterführende Literatur

- Als Übersichtsartikel zur Stille-Kupplung und verwandten Kreuz-Kupplungs-reaktionen siehe: R. Rossi, A. Carpita und F. Bellina, *Org Prep Proced Int* **1995**, *27*, 127; T. N. Mitchell, *Synthesis* **1992**, 803; M. Kosugi und T. Migita, *Trends Org Chem* **1990**, 151; J. K. Stille, *Pure Appl. Chem.* **1991**, *63*, 419; T. Laue und A. Plagens, *Namen- und Schlagwort-Reaktionen der Organischen Chemie*, Teubner-Verlag, Stuttgart, **1998**, S. 298.

80. Totalsynthese von Taxol

J. J. Masters, J. T. Link, L. B. Snyder, W. B. Young, und S. J. Danishefsky,

Angew Chem **1995**, *107*, 1886; *Angew. Chem Int Ed Engl* **1995**, *34*, 1723.

1 → (a Me$_3$S$^+$I$^-$, KHMDS, THF, 0 °C; b Al(O-i-Pr)$_3$, Toluol, Rückfluß) → **2**

c OsO$_4$, NMO, Me$_2$CO/H$_2$O
d TMSCl, Py, CH$_2$Cl$_2$
e.
f Ethylenglykol
g.

3 → (h TsOH, Aceton/H$_2$O, 70 °C; i TMSOTf, Et$_3$N, CH$_2$Cl$_2$) → **4**

j 3,3-Dimethyldioxiran, CH$_2$Cl$_2$
k CSA, Aceton
l Pb(OAc)$_4$, MeOH, C$_6$H$_6$
m MeOH, 2,4,6-Collidintosylat
n LiAlH$_4$

→ **5**

o o-NO$_2$C$_6$H$_4$SeCN, Bu$_3$P, THF
p 30% H$_2$O$_2$, THF
q O$_3$, CH$_2$Cl$_2$, PPh$_3$

→ **6**

r 7, THF, −78 °C
s TBAF, THF

NC OTMS
Li **7**

→ **8**

t m-CPBA, CH$_2$Cl$_2$
u H$_2$, Pd/C, EtOH
v

→ **9**

w.
x.
y.
z Ph$_3$P=CH$_2$, THF, −78 auf 0 °C

Übernommen und angepaßt mit Genehmigung von *Angew Chem* **1995**, *107*, 1886, *Angew Chem, Int Ed Engl* **1995**, *34*, 1723 ©1995 VCH Verlaggesellschaft

Diskussion

- Formulieren Sie den Mechanismus für Reaktionsschritt **a**.

- Welche Aufgabe erfüllt das Aluminiumisopropylat in Schritt **b**?

- Begründen Sie die bei der Reaktion mit Osmiumoxid in Schritt **c** erhaltene Selektivität von 4:1.

- Wenn Fluorid-Ionen anstelle von Ethylenglykol als Desilylierungsreagenz (leitet die Bildung des Oxetanrings in Verbindung **3** ein) eingesetzt werden, wird als Hauptprodukt **12** isoliert. Formulieren Sie den zugehörigen Mechanismus.

12

- Erklären Sie die bei der Bildung von Verbindung **8** beobachtete Diastereoselektivität.

- Diskutieren Sie die Stereoselektivität des Epoxidierungsschritts **t**.
- Nennen Sie Gründe für die bei der Reduktion des Epoxids in Schritt **u** beobachtete Regioselektivität.
- Formulieren Sie eine Synthese für Verbindung **7**.

Weiterführende Literatur

- Einen aktuellen Übersichtsartikel zur Heck-Reaktion finden Sie bei: W. Cabri und I. Candiani, *Acc Chem Res* **1995**, *28, 2*
- Einen Übersichtsartikel zu Taxol finden Sie bei: L. A. Wessjohann, *Org Synth. Highlights III*, VCH, Weinheim, **1998**, S. 295.
- Als Übersichtsartikel zu chelatkontrollierten Carbonyl-Additionsreaktionen siehe: M. T. Reetz, *Acc. Chem. Res.* **1993**, *26*, 462.
- Weitere Untersuchungen finden Sie bei: S. J. Danishefsky, J. J. Masters, W. B. Young, J. T. Link, L. B. Snyder, T. V. Magee, D. K. Jung, R. C. A. Isaacs und W. G. Bornmann, *J. Am. Chem Soc.* **1996**, *118*, 2843.

81. Totalsynthese von (–)-Grayanotoxin III

T. Kan, S. Hosokawa, S. Nara, M. Oikawa, S. Ito, F. Matsuda und H. Shirahama

J. Org. Chem. **1994**, *59*, 5532.

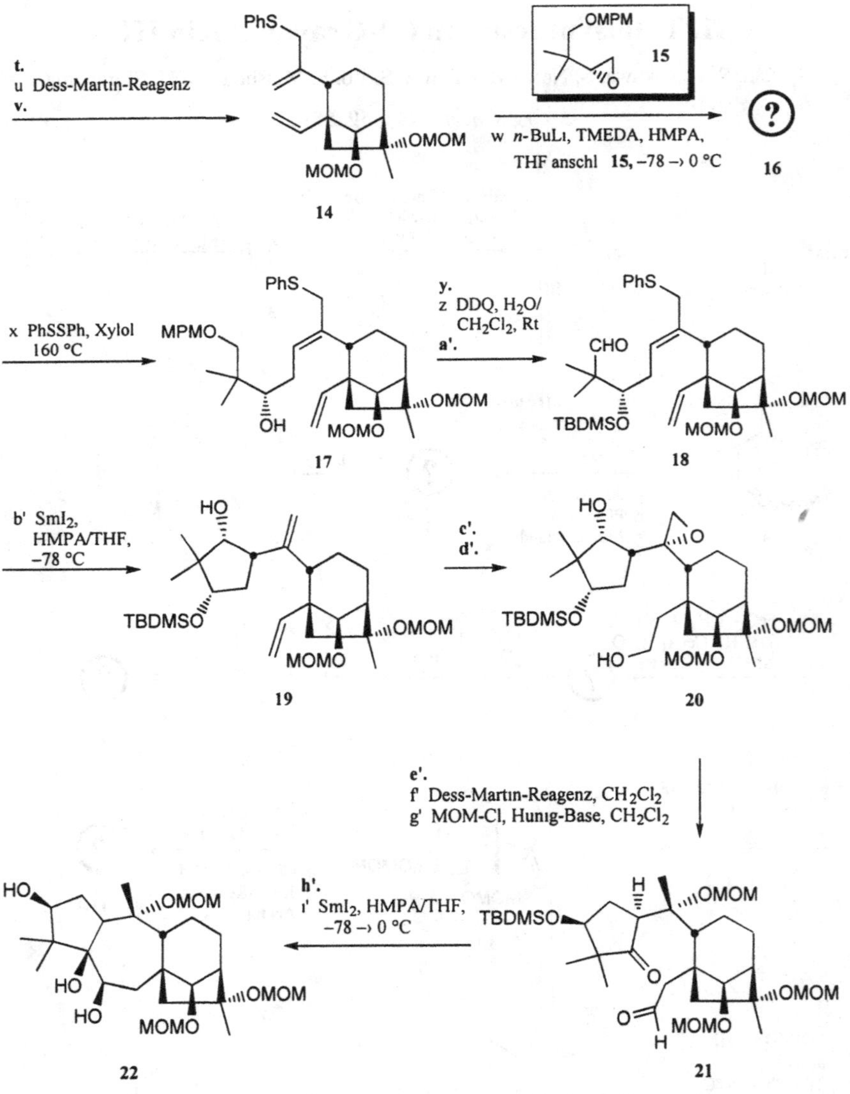
t.
u Dess-Martin-Reagenz
v.
PhS
OMOM
MOMO
14
OMPM
15
w n-BuLi, TMEDA, HMPA, THF anschl 15, –78 → 0 °C
?
16
x PhSSPh, Xylol 160 °C
MPMO
PhS
OH
MOMO
OMOM
17
y.
z DDQ, H2O/CH2Cl2, Rt
a'.
PhS
CHO
TBDMSO
MOMO
OMOM
18
b' SmI2, HMPA/THF, –78 °C
HO
TBDMSO
MOMO
OMOM
19
c'.
d'.
HO
O
TBDMSO
HO
MOMO
OMOM
20
e'.
f' Dess-Martin-Reagenz, CH2Cl2
g' MOM-Cl, Hünig-Base, CH2Cl2
H
OMOM
TBDMSO
O
O
H
MOMO
OMOM
21
h'.
i' SmI2, HMPA/THF, –78 → 0 °C
HO
OMOM
HO
HO
MOMO
OMOM
22

Übernommen und angepaßt mit Genehmigung von *J Org Chem* **1994**, *59*, 5532 ©1994 American Chemical Society

Diskussion

- Formulieren Sie einen Mechanismus für die Reaktionssequenz der Schritte **c** und **d**.
- Die Epoxidierung von Verbindung **19** verläuft hoch stereoselektiv. Welches ist vermutlich der Hauptfaktor, der diesen Prozeß kontrolliert?
- Formulieren Sie einen alternativen Reaktionsweg, um 1,2-Diole aus zwei Carbonylgruppen, wie in Schritt **i′** durchgeführt, zu synthetisieren.

Weiterführende Literatur

- Übersichtsartikel zum Einsatz von Samariumiodid in der organischen Synthese finden Sie bei: G. A. Molander und C. R. Harris, *Chem. Rev* **1996**, *96*, 307; G. A. Molander, *Org React* **1994**, *46*, 211.
- Weitere Anwendungen von Samariumiodid in Keton-Olefin-Kupplungsreaktionen finden Sie bei: M. Kawatsura, K. Hosaka, F. Matsuda und H. Shirahama, *Synlett* **1995**, 729.
- Einen aktuellen Übersichtsartikel zu Reaktionen von Vinyl- und Aryltriflaten finden Sie bei: K. Ritter, *Synthesis* **1993**, 735.
- Eine Methode, um verwandte Systeme über eine Reaktionssequenz aus Tebbe-Olefinierung und Claisen-Umlagerung zu synthetisieren, siehe: S. Borrelly und L. A. Paquette, *J Am Chem. Soc* **1996**, *118*, 727.
- Als Übersichtsartikel zur Hydratisierung von Acetylenen ohne Einsatz von Quecksilberverbindungen (Schritt **k**) siehe: I. K. Meier und J. A. Marsella, *J. Mol Catal* **1993**, *78*, 31.
- Eine weitere Anwendung von FeCl$_3$-katalysierten Reaktionsfolgen aus Debenzylierung und Lactonbildung siehe: R. Zemribo, M. S. Champs und D. Romo, *Synlett* **1996**, 278.

82. Enantioselektive Totalsynthese von (–)-Strychnin

S. D. Knight, L. E. Overman und G. Pairaudeau, *J. Am. Chem. Soc.* **1995**, *117*, 5776.

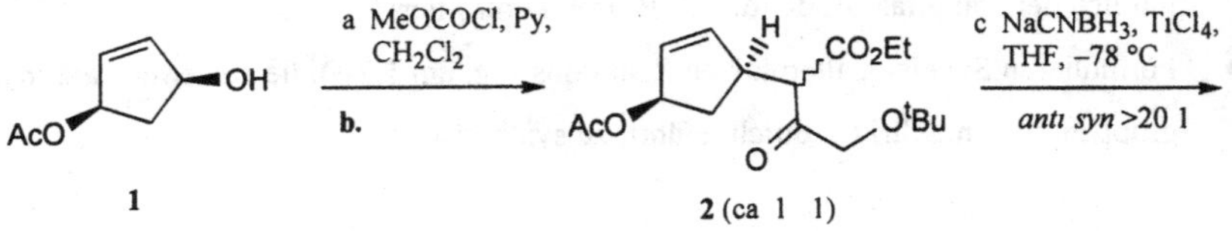

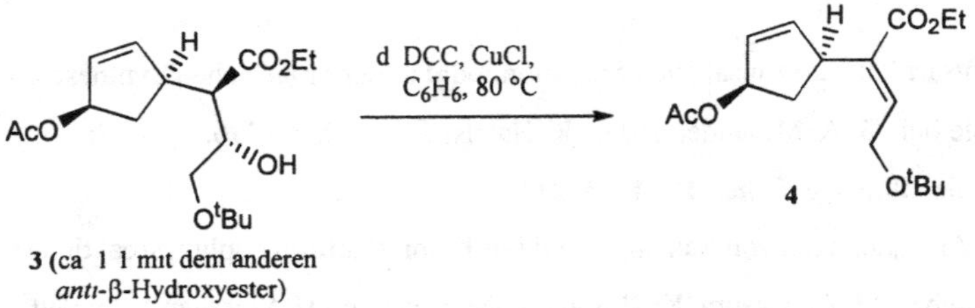

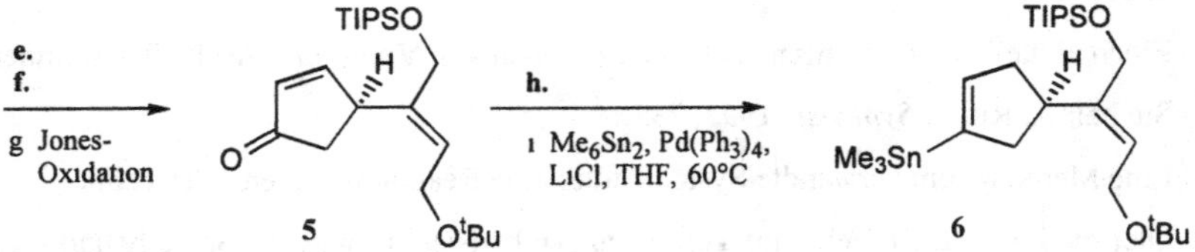

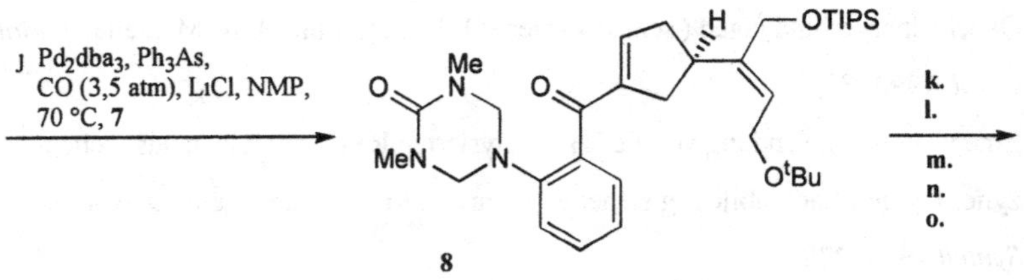

1

a MeOCOCl, Py, CH₂Cl₂

b.

2 (ca 1 1)

c NaCNBH₃, TiCl₄, THF, –78 °C

anti syn >20 1

3 (ca 1 1 mit dem anderen *anti*-β-Hydroxyester)

d DCC, CuCl, C₆H₆, 80 °C

4

e.
f.

g Jones-Oxidation

5

h.

i Me₆Sn₂, Pd(Ph₃)₄, LiCl, THF, 60 °C

6

j Pd₂dba₃, Ph₃As, CO (3,5 atm), LiCl, NMP, 70 °C, **7**

8

k.
l.

m.
n.
o.

Übernommen und angepaßt mit Genehmigung von *J Am Chem Soc* **1995**, *117*, 5776–©1995 American Chemical Society

Diskussion

- Geben Sie einen Strukturvorschlag für Verbindung **7**.

- Formulieren Sie eine Synthese für das Startmaterial **1** oder sein Enantiomer.

- Diskutieren Sie die Diastereoselektivität bei der Reduktion von **2** zu Verbindung **3**.

- Formulieren Sie den Mechanismus für die Eliminierung in Schritt **d**.

- Geben Sie einen Mechanismus für Schritt **q** an.

- Welche Aufgabe hat das Natriummmethanolat in Schritt **u**?

Weiterführende Literatur

- Eine Analyse der publizierten Totalsynthesen von Strychnin finden Sie bei: U. Beifuss, *Angew Chem* **1994**, *106*, 1204; *Angew Chem Int Ed. Engl* **1994**, *33*, 1144.

- Einen Übersichtsartikel zu Strychnin finden Sie bei: U. Beifuss, *Org. Synth. Highlights III*, VCH, Weinheim, **1998**, S. 270.

- Eine Studie zur stereoselektiven, durch BCl_3- und $TiCl_4$-katalysierten Reduktion von β-Hydroxyketonen finden Sie bei: C. R. Sarko, S. E. Collibee, A. L. Knorr und M. DiMare, *J. Org Chem* **1996**, *61*, 868.

- Einen kurzen Übersichtsartikel zur Reaktionssequenz Aza-Cope-Mannich-Reaktion siehe: L. Overman, *Acc Chem Res* **1992**, *25*, 352.

- Zum Einsatz von Organo-Zinn-Reagenzien in der Synthese von Carbonylverbindungen siehe: M. Kosugi und T. Toshihiko, *Trends Org Chem* **1990**, *1*, 151.

Laue/Plagens
Namen- und Schlagwort-Reaktionen der Organischen Chemie

Von Dr. **Thomas Laue**
und Dr. **Andreas Plagens**
Braunschweig

3., überarbeitete und erweiterte
Auflage. 1998. IX, 348 Seiten.
13,7 x 20,5 cm.
(Teubner Studienbücher)
Kart. DM 42,80
ÖS 312,– / SFr 39,–
ISBN 3-519-23526-9

Das Buch bietet einen alphabetischen Überblick über ca. 140 herausragende Namen- und Schlagwort-Reaktionen der Organischen Chemie. Dabei steht die anschauliche Beschreibung der Reaktionsmechanismen im Vordergrund, ergänzend werden Varianten und Nebenreaktionen diskutiert. Besonderer Wert wird auf die Darstellung moderner Anwendungsbeispiele gelegt. Durch seinen alphabetischen Aufbau ergänzt das Buch Lehrbücher der Organischen Chemie für alle Studenten mit Chemie als Haupt- oder Nebenfach. Die im Anhang an jedes Kapitel gegebenen Literaturverweise gestatten besonders Diplomanden und Doktoranden der Organischen Chemie ein leichtes Auffinden von weiterführender Literatur.

Aus dem Inhalt
Von Acyloin-Kondensation bis Wurtz-Reaktion – Die klassischen Namenreaktionen z. B. Diels-Alder-Reaktion, Friedel-Crafts-Acylierung und Wittig-Reaktion – Moderne Entwicklungen wie Stille-Kupplung, Mc-Murry-Kupplung und Sharpless-Epoxidierung

B.G.Teubner Stuttgart · Leipzig
Postfach 80 10 69 · 70510 Stuttgart

Warren
Organische Retrosynthese

Ein Lernprogramm zur Syntheseplanung

Von Prof. **Stuart Warren**
University Chemical Laboratory
Cambridge, England

Übersetzt aus dem Englischen
von Dr. **Thomas Laue**
Braunschweig

1997. XII, 279 Seiten.
13,7 x 20,5 cm.
(Teubner Studienbücher)
Kart. DM 42,80
ÖS 312,– / SFr 39,–
ISBN 3-519-03541-3

Dieses seit Jahren auf dem englischsprachigen Markt sehr erfolgreiche Buch bietet eine Einführung in die organische Retrosynthese und damit in die Syntheseplanung. Anhand von ca. 400 Lernschritten kann der Leser sich im Selbststudium die Grundlagen der Retrosynthese aneignen.

Dazu wird er mit einer Struktur (Zielmolekül) konfrontiert, deren Synthese er planen soll. Entscheidend ist dabei das Erkennen von »strategischen Bindungen« im Zielmolekül, durch deren Zerlegung aus dem Produkt kleinere Intermediate und Bausteine werden, die einem weiteren Retrosynthesecyclus unterworfen werden – so lange, bis man zu leicht erhältlichen Ausgangsmolekülen gelangt. Die sich im Buch jeweils anschließende Synthese zeigt dann, durch welche reale Reaktionssequenz das Molekül hergestellt werden kann. Zur Kontrolle und Vertiefung des Gelernten finden sich über das Buch verteilt Anwendungsaufgaben. Ziel ist es, dem Leser die Vorgehensweise bei der Retrosynthese zu vermitteln und ihn damit in die Lage zu versetzen, selbst für komplexe Moleküle Synthesen zu entwerfen.

B. G. Teubner Stuttgart · Leipzig
Postfach 80 10 69 · 70510 Stuttgart